# 宁夏

## 绿色、优质、安全农产品产区
## 构建路径研究

王劲松　李月祥　编著

中国言实出版社

**图书在版编目（CIP）数据**

宁夏绿色、优质、安全农产品产区构建路径研究 /
王劲松，李月祥编著. -- 北京：中国言实出版社，
2023.8

ISBN 978-7-5171-4575-2

Ⅰ.①宁… Ⅱ.①王… ②李… Ⅲ.①农产品—绿色
农业—农业发展—研究报告—宁夏 Ⅳ.①S-01

中国国家版本馆CIP数据核字（2023）第167914号

**宁夏绿色、优质、安全农产品产区构建路径研究**

责任编辑：张天杨
责任校对：王建玲

出版发行：中国言实出版社
   地  址：北京市朝阳区北苑路180号加利大厦5号楼105室
   邮  编：100101
   编辑部：北京市海淀区花园路6号院B座6层
   邮  编：100088
   电  话：010-64924853（总编室）  010-64924716（发行部）
   网  址：www.zgyscbs.cn  电子邮箱：zgyscbs@263.net

经  销：新华书店
印  刷：北京虎彩文化传播有限公司
版  次：2023年11月第1版  2023年11月第1次印刷
规  格：710毫米×1000毫米  1/16  17印张
字  数：189千字

定  价：68.00元
书  号：ISBN 978-7-5171-4575-2

# 前　言

2020 年，习近平总书记视察宁夏时提出要努力建设黄河流域生态保护和高质量发展先行区，强调要发挥创新驱动作用，推动产业向高端化、绿色化、智能化、融合化方向发展；要加快建立现代农业产业体系、生产体系、经营体系，让宁夏更多特色农产品走向市场。习近平总书记的谆谆嘱托，为宁夏农业产业发展指明了方向，寄予了厚望。近年来，在自治区党委、政府的大力推动下，宁夏农业优势特色产业取得了较快发展，但与新时代推动农业高质量发展的新要求相比，与满足人民对美好生活的需求相比，与市场对农产品多样化、专用化、高端化的需求相比，还存在着诸多不足。如何推动宁夏农业高质量发展和农业现代化建设，需要超前的谋划和前瞻性地研究。在自治区政协王和山副主席（时任自治区政府副主席）的亲自指导下，在自治区重点研发计划项目"宁夏绿色、安全、优质农产品产区生产体系创建与路径研究（项目编号 2021BBF02038）"的资助下，我们聚焦葡萄酒、枸杞、奶业、肉牛和滩羊、冷凉蔬菜等自治区重点产业，就如何把宁夏打造成为全国绿色、优质、安全农产品产区开展了研究，提出了路径与对策。

本书是在上述课题研究报告的基础上形成的，共分七章。全书着眼于现代农业、绿色农业、优质农业发展的新趋势，立足宁夏的资源禀赋、产业特色，分析了宁夏特色产业发展现状和发展前景，重点针对葡萄酒、枸杞、奶业、肉牛、滩羊、冷凉蔬菜"六特"产业，提出了把宁夏打造成全国绿色、优质、安全农产品产区的总体思路、战略定位、路径选择和保障机制，具有较强的前瞻性、综合性、针对性和指导性，具有一定的决策咨询价值和实践指导价值，对指导宁夏优势特色产业发展，促进高效种养业提质增效，推进特色农产品更"绿色"、更"牛劲"、更"红火"、更"羊气"，实现从小产业向全链条、创品牌向创标准转变，推动现代农业布局区域化、生产标准化、经营品牌化、发展融合化具有一定的意义。希望读者能够通过阅读本书，得到一定的启发、借鉴和帮助。

# 目　录

**第一章　绪　论** ·················································· 001

　　第一节　研究背景与意义 ································· 001

　　第二节　绿色、优质、安全农产品相关概念 ········· 004

　　第三节　绿色、优质、安全农产品产区建设的相关理论 ········ 013

**第二章　宁夏特色产业发展现状分析** ···················· 021

　　第一节　宁夏特色产业发展成效 ····················· 021

　　第二节　宁夏特色产业面临的挑战 ·················· 051

　　第三节　宁夏特色产业面临的机遇 ·················· 066

　　第四节　国内外优质农产品发展趋势的启示 ········· 071

**第三章　宁夏绿色、优质、安全农产品产区的重要意义**… 088

第一节　宁夏建设绿色、优质、安全农产品产区的战略意义 … 089

第二节　宁夏建设绿色、优质、安全农产品产区的现实意义 … 093

第三节　宁夏建设绿色、优质、安全农产品产区的示范意义 … 097


**第四章　宁夏建设绿色、优质、安全农产品产区的**
　　　　**前景分析**…………………………………………… 099

第一节　宁夏建设绿色、优质、安全农产品产区
　　　　具备的优势 ………………………………… 099

第二节　宁夏绿色、优质、安全农产品市场潜力分析 ………… 129


**第五章　把宁夏打造成全国绿色、优质、安全农产品**
　　　　**产区的总体思路和战略定位**………………… 142

第一节　总体思路 ……………………………………… 143

第二节　战略定位 ……………………………………… 146

第三节　发展目标 ……………………………………… 151


**第六章　把宁夏打造成全国绿色、优质、安全农产品**
　　　　**产区的路径选择**………………………………… 156

第一节　推进宁夏绿色、优质、安全农产品产区现代农业
　　　　体系构建 …………………………………… 156

第二节　构建宁夏绿色、优质、安全农产品产区的战略举措 … 177

第三节　构建宁夏绿色、优质、安全农产品产区的具体措施 … 188

第七章　把宁夏打造成全国绿色、优质、安全农产品

产区的保障机制…………………………………………… 229

参考文献………………………………………………………… 239

后　记………………………………………………………… 261

# 第一章　绪　论

## 第一节　研究背景与意义

"农，天下之大业也。"农业是国民经济的基础，要实现农业高质量可持续发展必须依据社会发展进程不断推进农业发展方式的转变。随着人们生活水平的不断提高，城乡居民消费结构不断升级，人们对优质绿色安全农产品的需求越来越旺盛，从"吃饱"到"吃好"再到"吃出健康"，已逐步成为新时期农产品消费的目的。发展优质绿色安全农业已成为引领农业经济发展的"新优势""新引擎"。

长期以来，党中央、国务院高度重视农业、农村、农民问题。2004—2022年连续十九年发布以"三农"为主题的中央"一号文件"，部署当年的"三农"工作。党的十八大以来，以习近平同志为核心的党中央更是把"三农"工作作为全党工作的重中之重，提出了一系列新思想新战略新举措，推进了农业供给侧改革，农业提质增效，农民增收，绿色发展，使我国农业走上了高质量发展的现代化之路。优质绿色安全农产品供给极大地丰富了人民日益增长的需求，"绿水青山就是金山银山"等绿色发展理念的不断深入人心。

宁夏光热资源丰富，昼夜温差大，环境洁净，灌排方便，土地肥沃，物产丰富，是中国"枸杞之乡""滩羊之乡""甘草之乡""硒砂瓜之乡""马铃薯之乡"；贺兰山东麓酿酒葡萄品质优良，被誉为"中国酿酒葡萄种植最佳生态区""世界上能酿造出最好葡萄酒的地方"；"宁夏大米"是宁夏第一个获得以省区冠名的地理标志认证。近年来，在自治区党委、政府的大力推动下，宁夏农业优势特色产业得到不断发展壮大。

结构性改革的主攻方向，也是推动形成同环境资源承载力相匹配、生产生活生态相协调的农业发展格局，增强综合竞争力的必由之路。习近平总书记在 2021 年中央农村工作会议上指出，要推动品种培优、品质提升、品牌打造和标准化生产。这为新阶段推进农业高质量发展、提升质量效益竞争力提供了路径指引。方向明了，目标定了，政策有了，如何发挥宁夏特色产业的优势，整合资源，克服存在的问题，突破发展瓶颈，发展绿色优质特色产业，实现农业高质量可持续发展，需要进行前瞻性的研究。为此，本研究就是围绕黄河流域生态保护与高质量发展先行区建设，按照宁夏农业高端化发展需求，以传统农业向绿色、优质、安全生产转型为目标，聚焦葡萄酒、枸杞、牛奶、肉牛和滩羊、冷凉蔬菜等"六特"优质农产品生产在高端化、规模化、标准化、品牌化、链条化培育发展方面存在的问题，立足宁夏资源禀赋，探讨宁夏构建绿色、优质、安全农产品产区的市场潜力和前景，分析提出产区建设定位、发展思路及打造绿色、优质、安全农产品产区的路径与对策，为宁夏走出一条产业绿色、产品优质安全、产出高效、资源节约、环境友好的农业高质量发展道路提供科学决策依据。

推进农业高质量发展是农业发展的一场深刻革命，是农业供给侧结构性改革的主攻方向，也是推动形成同环境资源承载力相匹配、生产生活生态相协调的农业发展格局，增强综合竞争力的必由之路。习近平总书记在 2021 年中央农村工作会议上指出，要推动品种培优、品质提升、品牌打造和标准化生产。这为新阶段推进农业高质量发展、提升质量效益竞争力提供了路径指引。方向明了，目标定了，政策有了，如何发挥宁夏特色产业的优势，整合资源，克服存在的问题，突破发展瓶颈，发展绿色优质特色产业，实现农业高质量可持续发展，需要进行前瞻性的研究。为此，本研究围绕黄河流域生态保护与高质量发展先行区建设，按照宁夏农业高端化发展需求，以传统农业向绿色、优质、安全生产转型为目标，聚焦葡萄酒、枸杞、牛奶、肉牛和滩羊、冷凉蔬菜等"六特"优质农产品生产在高端化、规模化、标准化、品牌化、链条化培育发展方面存在的问题，立足宁夏资源禀赋，探讨宁夏构建绿色、优质、安全农产品产区的市场潜力和前景，分析提出产区建设定位、发展思路及打造绿色、优质、安全农产品产区的路径与对策，为宁夏走出一条产业绿色、产品优质安全、产出高效、资源节约、环境友好的农业高质量发展道路提供科学决策依据。

开展该研究，探讨把宁夏打造成为全国最绿色、最优质、最安全农产品产区是贯彻落实习近平总书记视察宁夏重要讲话精神的具体体现和必然要求，是发挥宁夏资源优势，建设黄河流域生态保护和高质量发展先行区的现实选择，是推动乡村振兴战略实施的重大举措，对促进我区农业高质量发展，实现农业优质绿色发展具有重要意义。

## 第二节　绿色、优质、安全农产品相关概念

### 一、绿色、优质、安全农产品的概念及特征

根据《中华人民共和国农产品质量安全法》，农产品是指来源于农业的初级产品，即在农业活动中直接获得的未经加工的以及经过简单处理（分拣、清洗、切割、冷冻、包装等）的植物、动物、微生物及其产品。绿色、优质、安全农产品是从三个不同维度对农产品的定义，三者既相互联系，又各有侧重。

（一）绿色农产品的概念及特征

绿色农产品是指产自优良的生态环境、按照绿色的生产方式和标准生产的、实行全程质量控制的，安全、优质的食用农产品及相关产品。在具体应用上我们国家一般将"三品一标"，即无公害农产品、绿色食品、有机食品和地理标志农产品等特色绿色、优质、安全农产品称为绿色农产品，主要指农业的初级产品。其特征主要表现在具有全面严密的质量标准体系。绿色农产品的环境质量标准、生产操作规程、产品质量和卫生标准、产品包装标准，组成了严密的标准体系，且普遍高于普通农产品标准，部分与国际标准化组织推荐标准直接接

轨。一是严格实施全程质量控制。对绿色农产品从生产到销售的全过程进行质量控制，涵盖生产基地管理、投入品管理、废弃物和污染物管理、采后处理和加工管理、产品包装管理、产品贮藏运输管理、产品销售管理等关键环节，以保证产品的整体质量。二是科学规范的标志管理。我国绿色农产品的一个显著特征是实行规范的标志管理，即通过对合乎特定标准的产品发放特定标志用以证明产品的特定身份以及与普通产品的区别。绿色农产品标志管理将质量认证和商标管理紧密结合，使绿色农产品认定既具备产品质量认证的严格性和权威性，又具备了商标使用的法律地位。根据绿色农产品生产标准要求，生产基地一般应该选择在空气清新、水质纯净、土壤未受污染，具有良好生态环境的地方，尽量避开繁华都市、工业区和交通要道，尽量避免污染源通过大气、土壤等转移到动植物体内，从而影响人体健康。生产过程中农药、肥料、兽药、食品添加剂等生产资料的使用和选择必须符合要求。绿色农产品的生产从产前到产后的加工、管理、贮运、包装、销售、最后到餐桌的全过程管控，农作物种植、畜禽饲养、水产养殖及食品加工必须符合绿色农产品生产操作规程。涵盖生产基地管理、投入品管理、废弃物和污染物管理、采后处理和加工管理、产品包装管理、产品贮藏运输管理、产品销售管理等关键环节。绿色农产品对内在质量有严格的质量标准，并接受国家权威检测机构每年进行的安全和品质监督检查。

（二）优质农产品的概念及特征

优质农产品是指通过国家绿色食品认证、有机农产品认证、农产品地理标志登记，或开展良好农业规范认证和农产品全程质量控制技术体系试点的，从种植业、林果业等获得的初级食用农产品。优质农产品生产，是指优质农产品的种植过程，包括种植环境、方式、措施，农药的经营使用等活动。优质农产品，通俗讲就是质量比较好的农产品，应具备五个特征：一是具有较少的化肥农药、残留和环境污染，产品的肌体应该健康；二是产品具有较高的营养品质和较好的色香味；三是产品品种多样化；四是产品的精深加工程度高；五是产品的包装良好。在传统农业向现代农业发展的过程中，增强农业的综合竞争力的核心就是要将资源优势、生产优势和产品优势转化为质量优势、品牌优势和效益优势，提高优质农产品的生产，以满足人们对优质农产品日益增长的需求。目前，人民群众生活已迈进小康，对农产品的需求也出现了营养、保健、方便、安全等多样化发展趋势，所以，优质农产品内涵和特征又有了进一步拓展。优质农产品是以质量安全、食用营养、卫生为主旨，按照一定的标准和规则所生产出来的绿色食品和有机食品。优质农产品的质量与其周围环境的好坏是相得益彰的。优质农产品应从以下几个方面来衡量，即营养性、适口性、安全性、品质性、加工性和观赏性。优质农产品在生产中既不一概排斥农药、化肥及其他工业化学产品的应用，同时又在使用品种、剂量、时期、方法等各方面加以规范与控制。优质农产品生产系统是一项实现经济发展与环境保护协调发展的可持续的农业生产系统，是生态农业的重要内容之一。

（三）安全农产品的概念及特征

安全农产品是指农产品的可靠性、使用性和内在价值符合一定标准，在生产、贮存、流通和使用过程中形成、残存的营养、危害及外在特征因子，既满足等级、规格、品质等特性要求，也满足对人、环境的危害等级水平的要求。安全农产品的特征，通俗讲就是安全农业条件下，对生产到销售的全过程进行安全质量控制，涵盖生产投入品管理、废弃物和污染物管理、采后处理和加工管理、产品包装管理、产品贮藏运输管理、产品销售管理等关键环节，生产的可以安全食用、质量达到人类生命健康安全的农产品。

## 二、绿色、优质、安全农业的概念及特征

### （一）绿色农业的概念及特征

绿色农业是指充分运用先进科学技术、先进工业装备和先进管理理念，以促进农产品安全、生态安全、资源安全和提高农业综合经济效益的协调统一为目标，以倡导农产品标准化为手段，推动人类社会和经济全面、协调、可持续发展的农业发展模式。绿色农业是一种新型现代化农业生产模式。其融合了绿色、环保、生态、节约等发展方式，是以农业生产并加工销售绿色农产品为轴心的农业生产经营方式。绿色农业始于20世纪20年代的欧洲；30—40年代在英国、瑞士、日本等国家得到发展。国外学者对绿色农业的概念界定主要强调自然资源与经济效益的关系，建立在石油工业基础上的农业给社会、资源、环境造成了极大的危害，绿色农业应该充分重视与自然的关系，减少农业生产过程中石油产品的使用。Haggblade认为绿色农业要遵循生态规律，合理利用农业生态资源，在物质流、能源流、信息流循环利用的基础上发展，实现农业经济活动向绿色化转变。绿色农业遵循可持续发展原则由是绿色农产品概念衍生而来，是广义的"大农业"。是以

农业生产并加工销售绿色农产品为轴心的农业生产经营方式。

绿色农业不是传统农业的回归，也不是对生态农业、有机农业、自然农业等各种类型农业的否定，而是避免各类农业种种弊端，取长补短、内涵丰富的一种新型农业。其内涵包括以下四个方面。（1）绿色农业及与其伴随的绿色食品出自良好的生态环境。在环境污染越来越严重的情况下，人们出于本能和对科学的认知，开始越来越关心健康，注重食品安全，保护生态环境。特别是对没有污染、没有公害的农产品倍加青睐。在这样的背景下，绿色农业及绿色食品以其固有的优势被广大消费者认同，成为具有时代特色的必然产物。（2）绿色农业是提高人们健康水平的环保产业。绿色食品是在质量标准控制下生产的，其认证除要求产地环境、生产资料投入品的使用外，还对产品内在质量、执行生产技术操作规程等有极其严格的质量标准，可以说从土地到餐桌，从生产到产后的加工、管理、贮运、包装、销售的全过程都是靠监控实现的。因此，绿色食品较之其他农产品更具有科学性、权威性和安全性。（3）绿色农业是与传统农业的有机结合。传统农业是自给自足型的农业。它的优势是节约能源、节约资源、节约资金、精耕细作、人畜结合、施有机肥、不造成环境污染。但是也存在低投入、低产出、低效益、种植单一、抗灾能力低、劳动生产率低的弊端。绿色农业是传统农业和现代农业的有机结合，以高产、稳产、高效为目标，不仅增加了劳力、机械、设备等农用生产资料的投入，还增加了科学技术、信息、人才等软投入，使绿色农业更具有鲜明的时代特征。（4）绿色农业是多元结合的综合性农业。以农林牧为主体，农工商、产加销、贸工农、运建服等产业链为外延，大搞农田基本建设，提高了抗灾能力与运用先进科学技术水平，体现了多种生态工程元件复式组合。绿色农业具有持续安全性、全面高效性、规范标准化等特点。

（二）优质农业的概念及特征

随着社会的发展、人们认识的深化，根据农业的不同发展方向和要求，以及农业发展的不同阶段，提出了许多名称和概念，如现代农业、低碳农业、绿色农业、优质农业等，尽管其名称的提出有其产生的背景，但在应用中一些概念的内涵既有延续性又有交叉重叠现象，一些还在不断更新完善。关于优质农业的概念目前还没有权威的、公认的定义和解释。已有的研究成果较多地涉及"质量型农业""农产品质量与安全"等，研究重点为农产品优质化或优质农业的特征及标准等。有学者认为，"质量型农业"是以农产品品质高级化和农业生产结构高度化为核心，以追求更高的经济回报为目标，以技术和管理创新为推动力的开放性农业，其核心目标是显著提高农产品优质率等。另有学者认为，仅从农产品质量来界定优质农业是不完整的，更不能把优质农产品与优质农业等同起来。综合各方面研究成果，应从农产品的优质化和农业生产过程的标准化、规范化和合理化这些方面来界定优质农业的内涵，即优质农业是指以现代农业的生产经营组织方式，以经济上有效、技术上先进、环境上可持续的方式提供优质安全农产品和农业竞争力为主要目标的优质、高效、可持续农业。它的特征包括两个方面：一是农产品的优质化；二是农产品的生产及流通过程的标准化、规范化、科学化和合理化。优质农产品是优质农业追求的主要目标，同时，优质农业还必须高度重视和兼顾对资源，尤其是优质资源的充分和有效利用,对农业劳动力的充分利用,与环境的协调发展等,以及生产过程的优化与合理化。如果不重视过程的优化,那么,农产品的优质化,要么不能实现,要么不能持久。比如,以掠夺性的经营,以牺牲环境为代价获取的优质农产品是不能持续的,用落后的技术、传统的工艺生产出来的,以高成本低效益为特征的优质农产品并不符合优质农业的目标。总之,优质农业与优质农产品是相辅相成的,不可分割开的。发展优质农业就是要通过标准化、规范化、科学化的生产方式,生产出市场所需的优质农产品,以满足人民对美好生活的需要。它有利于提高农产品品质,改善居民的膳食质量,提高居民的生活水平,增进消费者的身心健康;有利于提高农产品的收购价格和农业比较效益,从而增加农民收入;它有利于生产经营行为的目标化和规范化,可以促进传统农业向现代农业转变。

(三)安全农业的概念及特征

目前,学术界对于安全农业尚未有一个明确定义,仅有部分学者在研究中对其进行了定义。叶元海认为安全农业是指生产安全的食用农产品的农业生产经营方式,其农产品质量达到人类生命健康安全的要求,更广泛的含义还指农业生产环境与人类生存环境互不危害。张炎夏认为,安全农业是一种新的农业模式,其核心要素可概括为过程可追溯、过程可参与、产品可期货。张富全(2000)认为,安全农业包括生产安全、消费安全和市场安全三个方面。生产安全即通过提供产前、产中、产后全程服务保证农业生产安全;消费安全即不仅要在数量上充分满足市场需求,还要在质量上有充分的安全保障;市场安全即农产品价格要稳定在一个相当的幅度，基本保障农产品市场的供需平衡。综上，本研究将安全农业定义为农业产地环境、生产、加工、流通以及营销全过程遵循一定的标准规范，生产出的农产品能够满足质量安全标准，能够满足消费者健康、营养、安全的饮食要求的一种农业业态。为了提供安全农产品要进行农产品质量安全监管。农产品质量安全监管是20世纪末中国农业进入新阶段，政府从单纯追求数量向数量质量效益并重转变时赋予农牧部门的新职责。2001年4月，经国务院批准，原农业部在全国启动了"无公害食品行动计划"，提出以"菜篮子"产品为突破口，着力解决高毒农药、兽药违规使用和残留超标问题，拉开了农产品质量安全监管的帷幕。2006年颁布实施的《中华人民共和国农产品质量安全法》，标志农产品质量安全进入依法监管阶段。授权原农业部门建立国家农产品质量安全监测制度，明确要求县级以上人民政府农业行政主管部门制订并组织实施农产品质量安全监测计划。我国农产品风险监测体系的建立为提高农产品质量安全水平、保护消费者健康发挥了重要作用。2010—2020年开始系统性地强化体系（标准体系、检验检测体系、认证认可体系、执法监督体系、监管体系）建设、完善法律法规、着力制度建设、落实政策引导、推进行政监管。随着《全国农产品质量安全检验检测体系建设规划》的实施完成，我国部、省、市、县的检测能力迅速提升，检测产品种类、检测参数范围和检测灵敏度大幅提高。

### 三、农产品产区的概念

绿色农产品产区是指产地坚持以绿色可持续发展为引导，落实

"绿水青山就是金山银山"的理念，环境优良、投入品减量化、生产清洁化、废弃物资源化、产业模式生态化的农产品生产区域。产区鼓励农户采用节水、节肥、节药的绿色种植技术，积极推动水土资源节约和化肥农药高效利用。推进产业全程标准化，加快建立农业高质量发展的农业标准及技术规范，完善全产业链标准体系。创新农产品流通方式，大力发展农产品电子商务。促进农业全产业链融合，加快农村一二三产业融合发展推进。拓宽销售渠道、加强公益宣传与推介，提高绿色产品市场和社会影响力。优质农产品主产区是指具备较好的农业生产条件，以提供优质农产品为主体功能，以提供生态产品、服务产品和工业品为其他功能的加工原料的产地，以保持并提高农产品生产能力的区域。它是一个由生物、空气、水、土壤等环境要素组成的生态系统。随着科技的发展，信息技术全面应用于农业生产中，形成了"互联网+"与农业生产、经营、管理、服务融合发展，提升了农业产区生产、经营、管理和服务等环节的智能化水平。安全农产品产区是指产地环境优良、生产工艺先进、农产品质量竞争力强的农产品生产区域。在安全农产品产区，生产者所采取的一切农事操作应符合法律法规要求和国家或相关行业标准，以保证农产品质量的安全和生产环境的安全。在农产品生产中，产地（场址、水域）的选择，农业投入品（如种植业使用的化肥、农药，畜禽、水产养殖使用的兽药、饲料、添加剂、消毒剂等）的选择、采购与使用都符合安全农业生产标准。建设安全农产品产区，发展安全农业，提供安全农产品是推动我国农业高质量发展的重要内容。

# 第三节 绿色、优质、安全农产品产区建设的相关理论

## 一、农产品质量管理的基本理论

农产品质量管理的基本理论 APTQM（Agricultural Product Total Quality Management）是指把专业技术、经营管理、数理统计和思想教育结合起来，建立起从农产品的产前、产中到产后的一整套的质量管理体系，从而用最经济的手段，生产出符合标准和令消费者满意的农产品。强调提高劳动者的工作质量，保证生产过程质量，以生产过程质量保证农产品质量。从过去的事后检验、把关为主转变为以预防改进为主，从管结果转变为管因素，发动全员、各有关农业部门参加，依靠科学理论、程序、方法，使农业生产经营的全过程都处于受控状态。提高农产品质量必须依靠全面质量管理。不仅涉及农业生产的产前、产中和产后管理，而且涉及全员管理和全层面的管理。

（一）生产全过程质量管理

农产品生产过程复杂，影响因素很多，对每个生产环节都要严格管理。产前要挑选良种（种苗、种禽、种畜等），通过对比实验和早期选择，挑选那些遗传品质好、遗传性状稳定、适合本地环境的品种进行种植或饲养。保证从一开始就为产品质量打下好的基础。生长发育期间要注意生物体的营养平衡与调节。要注重采收、收获农产品过程。农产品的收获过程也在很大程度上决定农产品质量。农产品加工后的包装也很重要，外在品质也是农产品质量的一个方面。良好的外

在品质也能创造经济效益，提高竞争能力。

（二）提高全员参与者的质量意识

提高农产品质量，是一个庞大的系统工程，这个工程能否取得进展，不仅要看作为生产经营主体的企业、农业合作社和农民是否具有发展绿色优质农产品的意识和内存动力，还要看作为生产指导和管理部门的各级政府，是否能保证这种热情和积极性的实现。无论是管理者，还是经营者、生产者都要树立起产品质量意识，以市场为导向，发展优质农产品。各级政府要更多地从指导农业的方式及政策选择、科技攻关及技术推广、农产品市场缓冲能力的增强等方面入手，做好管理和服务工作。

（三）全方位地质量把控

一是控制成本，提高效益。成本控制是质量管理的重要内容，要采用各种技术、管理手段降低农产品的生产成本，提高经济效益。二是加强农业新技术的研究和应用。不断加强农业新技术攻关、开发和应用，积极推进现代信息技术在优质农业上的应用。三是建立健全农业标准化体系。建立健全农业标准体系、推广实施体系、检测检验体系、质量评价体系、监督管理体系，形成技术水平比较先进、管理规划与市场需求相适应的农业标准化体系。四是重视品牌战略。对名优品种要打造自己的品牌，提高档次，靠优质名牌创造效益。五是大力发展精准农业。改变传统农业大面积、大样本平均投入的浪费资源做法，对栽培管理实施精准定位，按需投入。

## 二、农产品品牌建设理论

主要从农产品差异化竞争理论、规模经济效益理论与信息不对称理论对农产品品牌建设理论进行阐述。

（1）产品差异化竞争理论是 20 世纪 80 年代，由美国管理学家迈克尔·波特（Michael Porter）提出的。差异化强调的是，企业要在产品、服务、品牌形象、品牌包装等方面努力形成一些就本行业范围内独有的特性，在一定时期内同行业竞争者难以简单复制或快速取代的核心竞争力。由于农产品的特殊属性，产品差异化竞争不同于工业品牌的差异化竞争，农产品的技术创新、生长周期、区位选择这些都是影响农产品差异化竞争的因素。如果农业企业能够在市场竞争过程中成功实施差异化战略，就可以降低顾客对此类农产品价格的敏感度，赢得顾客的忠诚度。

（2）规模经济又称为"规模利益"（Scale Merit），是指在一定的时间范围内，随着农产品产量的增加，企业和农户平均成本会呈现下降的趋势。在农业经济发展中，生产经营者总是追求规模经济，以降低生产经营成本，进而提高效益。追求规模经济时，生产经营者需要通过各种有效合法手段，全面了解当地市场最佳的经济效益规模和不同经济规模之间的相互联系与配比。通过农产品品牌建设，有助于提升农产品的市场竞争力，当农产品市场需求量大于供给量时，无疑会驱使农产品生产经营者扩大生产规模，从而降低成本，最终实现规模经济。

（3）信息不对称理论是指在市场经营活动中，人们对相关信息的掌握存有差异性，掌握信息充分的个体与获得信息贫乏的个体，在市场中的地位明显不平等。在信息不对称的市场中，会导致消费者缺乏鉴别产品信息优劣真伪的有效性，只能根据市场对产品的平均状况来进行支付购买，这样生产经营者通常会选择低劣化的产品进行销售，即出现所谓的"劣币驱逐良币"情况，而农产品品牌建设可以有效地解决市场信息不对称的问题。第一，农产品一旦建立品牌，产品的信息便实现了公开化、透明化。第二，品牌农产品一定程度上拥有高质量、安全性、营养性的特征，有利于消费者有效地选择产品，在很大程度上保障了消费者的利益。第三，农产品品牌建设有利于生产者向消费者传递农产品的信息，加强了经营者对分销商和中间商的控制力，能够有效避免低质量农产品充斥市场所带来的恶性循环竞争。

### 三、农业标准化理论

农业标准化就是把先进的科学技术和成熟的经验加以总结，最终形成一种规范性的文件加以应用到实践之中。在农业的生产经营活动中，把农产品的产前、产中和产后各环节纳入标准化的生产与管理轨道中，有利于提高农产品的质量，可使企业和农民的生产经营活动在科学有序的基础上进行，促进管理活动的统一、协调、高效率。农业标准化核心体系的建设一般包括产品质量安全体系建设、检验监督体系建设和认证体系建设。实施农业标准化，一方面可以有效杜绝因农药残留和有毒有害物质超标而导致的农产品污染事件的发生，另一方面还有利于科研成果的转化与推广，从而实现农业的专业化和科学化。

### 四、农业产业链理论

农业产业链是从国外产业链一词衍生出来的，最早由英国的经济学家迈厄尔提出。农业产业链是一个同农产品生产、加工、运输与销售密切联系的网络结构，它涵盖了农、林、牧、副、渔等多个部门。同时，农业产业链也对人、财、物、信息、技术等要素流动进行了整合，具有较高的运行效率，是将农产品由生产推向市场的一条有效路径。农业产业链可分为供应链、销售链、代理链、生产链和管理链。其中供应链包含农产品采购、运输、储存与配送；销售链包括总销、一级分销、二级分销、批发和零售；代理链包括总代理、分代理和代理；生产链包含初级农产品、半成品和成品；管理链包含了总部、区域分部和生产基地。农业产业链与工业产业链相比，具有相对的复杂性和脆弱性。第一，大多数农产品受季节性的约束，难以实现连续生产，阻碍农业产业链的变粗、变强。第二，农户一般处于农村或者远离城镇的偏僻地区，交通落后，信息不发达，生产经营者难以发挥规模经济优势，致使产业链发展后劲不足。第三，农业产业链跨度更大，链条更长，节点更多，涵盖一二三产业，涉及众多领域、行业、部门，成链、稳链、强链的情况更复杂，难度更大。

### 五、品牌营销理论

品牌营销是产品生产经营者通过市场营销推广的方式，让消费者形成对企业产品品牌认知的一个过程，企业通过发现顾客的需求，逐步用产品质量和内在的文化价值激发消费者购买的欲望。现代品牌营销理论主要由品牌定位理论、品牌传播理论、品牌形象理论、品牌推广理论等组成。其中，品牌定位是产品品牌建设的核心内容，品牌形象塑造是产品外在的诠释与传播，品牌推广是保证产品持续发展的关键。农产品品牌营销从品牌定位开始，品牌定位是品牌创建的第一步，产品一旦投放市场，需要确定目标消费市场和目标消费人群。成功的品牌定位，是企业对消费者需求和竞争对手优劣势的正确分析。围绕品牌定位，企业可以制定正确的品牌营销战略，通过品牌传播与消费者进行交流，一方面可以将品牌内在的价值传递给消费者，获得消费者的认同；另一方面可以建立起品牌的知名度、美誉度和忠诚度，从而在产品高度同质化的市场竞争中胜出。品牌形象塑造决定了营销主体在打造农产品品牌时要充分发挥想象力，借助一定的创造性思维与创意，实现对产品本身的突破，使产品在消费者心中留下牢固而不可磨灭的创意形象效果。一旦消费者出现相应的需求时，通过对产品形象的联想，脑海中会立即出现这个产品品牌，从而增加产品销量。品牌推广是品牌营销的关键环节，包括广告推广、文化推广、公共关系推广、代言人推广、网络推广等以及这些推广方法的整合。如今互联网下的品牌营销理论发展，是避免农产品品牌老化、巩固品牌市场地位的主要手段，同时也是保持产品生命力，增强产品市场竞争力的重要手段。

## 六、公共管理理论

公共管理是一般管理范畴中的子集，其特点就在于公共性，即通过依法运用公共权力、提供公共产品和服务来实现公共利益，同时接受公共监督。其主要特征包括：公共管理是发生在公共组织中的活动；公共管理以实现社会公共利益为总体目标；公共管理的基础是公共权力，这是协调社会资源的保障；公共管理的主要任务是向社会全体成员提供公共产品和公共服务；公共管理强调公共部门的行为绩效；公共组织实现目标并取得良好效果的关键是协调。

为克服农产品市场失灵和维护社会公共利益，必须依靠公共政策引导、矫正和支持。政府加强农产品质量安全监管，既是公共管理职能的要求，又有组织优势的保障。信息不对称和外部性理论分析了市场失灵是如何导致劣品驱逐良品、降低市场产品质量的，农产品作为消费者日常饮食的主要来源，一旦出现质量安全问题极容易引发健康事故和恐慌情绪，演化为民生问题、社会问题。因此加强农产品质量安全政府监管，提高农产品质量安全水平，有利于产业发展和国际贸易，有利于维护消费者权益和社会安定。凭借人力、物力、财力优势以及法律赋予的特殊地位，政府的组织优势集中体现在降低搜寻信息的成本、开展强有力的管理工作以及发挥领导协调作用方面。政府是超越农产品市场交易主体之上的公共组织，这种独特地位使得政府提供信息变为可能，如通过法律法规明确生产经营者的披露信息义务，依靠专业人员和技术手段搜集、筛选、分析、发布相关信息，政府具有垄断性的强制力，可以制定具有权威性和普遍适用性法规和标准，实行例行监测制度和生产经营许可证制度，部门之间合作开展联合执法、严厉打击各种违规生产经营行为，处理种种利益纠纷。政府作为农产品质量安全监管主体，可以联合企业、消费者、媒体等社会力量形成合力管制，减轻管理部门压力，提高监管效率。

目前，我国在安全农业的具体措施与执行方面，要进一步明确农产品的公共物品属性和社会属性，把农产品安全作为公共管理第一要点，作为各级政府的责任和义务。必须从我国国情和农业发展实际出发，突出重点、加大投入、多措并举。一是建立农业投入稳定增长机制。这需要，继续加大投入力度，改善农村金融服务，引导社会力量投入农业。二是加大农业支持保护力度。这需要，坚持和完善农业补贴政策，建立完善农业生产奖补制度，平衡主产区和主销区利益关系，加大对农业科研和技术推广的支持力度，完善农产品市场调控机制等。三是提高农业对外开放水平。这需要，促进农业对外合作，促进农产品国际贸易，积极应对国际贸易摩擦等。四是深化农业农村改革。这需要，积极推动种业、农垦等方面改革，加强对国家现代农业示范区、新形势下农村改革试验区工作的指导和支持，统筹城乡产业发展，统筹城乡基础设施建设和公共服务，逐步建立城乡统一的公共服务制度，统筹城乡劳动就业，统筹城乡社会管理，积极稳妥推进户籍制度改革等。五是强化农业法治保障。这需要，完善以农业法为基础的农业法律法规体系，制定农业投入等方面的法律法规，加快农业行政执法体制改革，深入开展农业普法宣传教育。六是加强组织领导。这需要，坚持"米袋子"省长负责制和"菜篮子"市长负责制。完善体现科学发展观和正确政绩观要求的干部政绩考核评价体系，把粮食生产、农民增收、耕地保护作为考核地方特别是县（市）领导班子绩效的重要内容，全面落实耕地和基本农田保护领导干部离任审计制度。

# 第二章　宁夏特色产业发展现状分析

## 第一节　宁夏特色产业发展成效

党的十八大以来，宁夏回族自治区党委、政府深入贯彻中共中央、国务院关于"三农"工作的系列决策部署，全面落实习近平总书记两次视察宁夏的重要讲话精神，立足宁夏实际，创新农业农村发展思路，突出特色优势，着力发展葡萄酒、枸杞、牛奶、肉牛、滩羊、冷凉蔬菜等优势特色产业，有力推动了经济欠发达地区农业农村历史性变革，取得了消除绝对贫困与全国同步迈入全面小康的历史性成就，并为实现乡村振兴和农业农村现代化奠定了基础。

### 一、优势特色产业区域布局基本形成

宁夏虽是全国最小的省区之一，但有着多样的土地资源和气候生态类型、丰富的优势特色种质资源，发展特色农业是宁夏实现农业现代化的重要方式。长期以来，特别是党的十八大以来，为了最大限度

发挥宁夏的资源优势，宁夏回族自治区党委、政府在科学分析区情，
总结优势特色产业发展基础上，将宁夏全域分为北部引黄灌区、中部
干旱带、南部山区三大板块，根据三大板块各自条件特征，科学定位
北部引黄灌区现代农业示范区、中部高效节水农业示范区、南部生态
农业示范区（见图2-1）。对宁夏区域性优势特色产业进行了科学布
局，在稳定粮食生产的基础上，强势推进优势特色产业扩量、提质、
增效，基本形成了枸杞以中宁产区为核心，以清水河流域和银川北部
为轴线，以中宁、同心、海原、平罗、惠农、盐池、沙坡头、红寺堡
和宁夏农垦集团等为主产区的"一核、两带、十产区"；贺兰山东麓
葡萄酒产业带；以盐池为核心的滩羊产区；以银川市和吴忠市为核
心、石嘴山市和中卫市为两翼的奶产业带，产业带奶牛存栏和生鲜乳
产量分别占全区总数的97.6%和98.5%，产业聚集度进一步提高；以
银川、吴忠、中卫为主的现代设施蔬菜、供港蔬菜生产优势区，以中
卫环香山地区为主的压砂瓜生产优势区，以石嘴山市为主的脱水蔬菜
生产优势区，以固原市为主的冷凉蔬菜优势区。

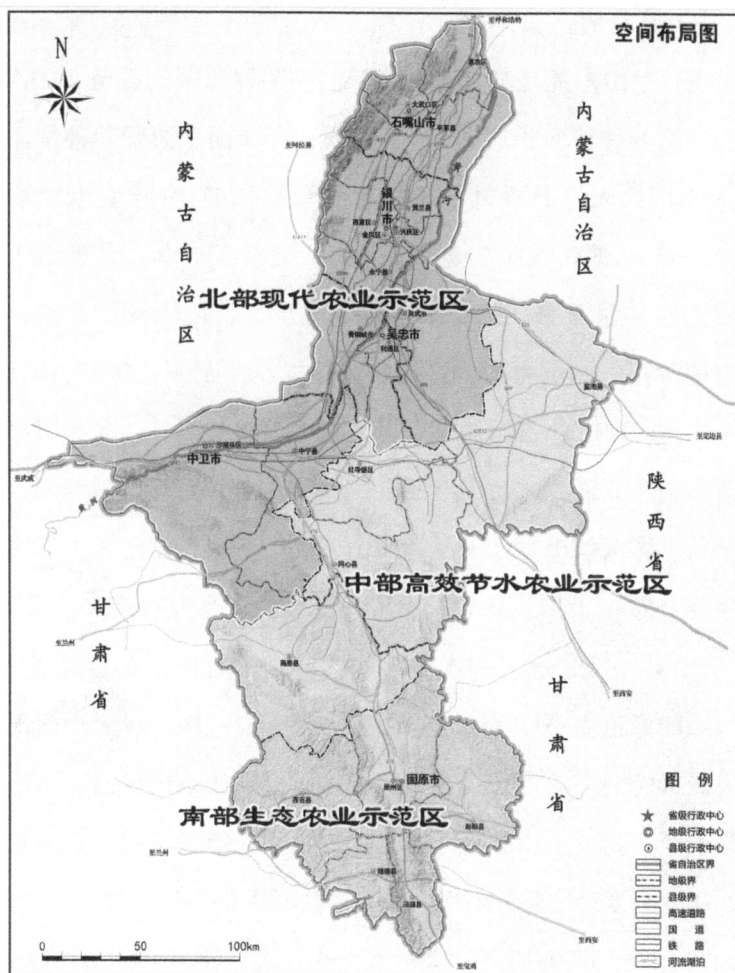

图2-1　农业农村现代化发展布局图

## 二、产业规模不断壮大

近年来，宁夏充分利用得天独厚的自然条件，坚持有所为、有所不为，整合资源，突出特色，集中力量发展"六特"产业，取得了明显成效，特色产业产值占农业总产值的比重达89%。

（一）葡萄酒产业

宁夏贺兰山东麓是享誉全球的酿酒葡萄种植区。截至 2021 年底，宁夏酿酒葡萄种植面积达到 3.5 万公顷，占全国酿酒葡萄种植面积近 1/3，是全国最大的酿酒葡萄集中连片产区，2021 年宁夏酿酒葡萄产量 14.2 万吨。现有酒庄 228 家（其中：建成 116 家、在建 112 家），包括贺兰红、西夏王、张裕摩塞尔十五世、长城天赋、西鸽、贺兰神、志辉源石、保乐力加、路易威登等规模性企业，年产葡萄酒 1.3 亿瓶（约 10 万吨），占国产葡萄酒酿造总量的 37.3%，葡萄酒产业综合产值达到 330 亿元。初步形成了贺兰县金山、西夏区镇北堡、永宁县玉泉营、青铜峡市甘城子及鸽子山、红寺堡区肖家窑等 5 大酒庄集群，主要分布在银川、吴忠、中卫、石嘴山 4 个地级市和农垦集团，涉及 12 个县（市、区）和 5 个农垦农场，在贺兰山东麓形成了 120 多公里长的绿色生态屏障。贺兰山东麓葡萄酒产区已成为全国集中连片规模最大的酒庄酒产区，也是我国第一个酒庄酒产区。在国内十大葡萄酒产区中，贺兰山东麓产区是地方党委政府最重视、资源禀赋最优越、政策制度最完善的产区，最有潜力成为世界优质葡萄酒产区。

2020 年，宁夏葡萄酒出口额达 265 万元，较 2019 年增长 46.4%，主要出口国家和地区为美国、欧盟、澳大利亚、日本等 40 多个国家和地区。吸引了保乐力加、轩尼诗、桃乐丝等国外企业来宁建酒庄、做基地、搞经营。2013 年，贺兰山东麓产区被牛津大学编入《世界葡萄酒地图》，成为世界葡萄酒产区新版块。产区的发展带动了文化旅游产业发展，建成了国家 4A 级旅游景区 4 家、3A 级旅游景区 4 家、2A 级旅游景区 4 家，2021 年接待葡萄酒旅游人数达 120 万人次，实现国内旅游收入 286.38 亿元，形成了葡萄酒、旅游、文化、科教等全链条、多元化生态产业带，旅游吸引力不断增强。2016—2021 年宁夏葡萄酒年产量稳定在 1.2—1.5 亿瓶，综合产值 2021 年达到 330 亿元，比 2016 年增长了 65%（见图 2-2）。

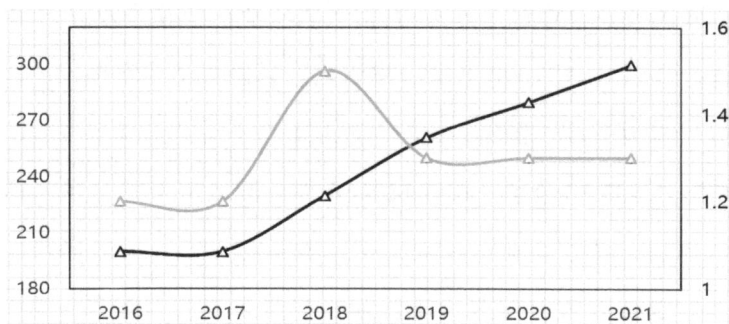

图 2-2　2016—2021 年宁夏葡萄酒年产量及综合产值

（二）枸杞产业

枸杞作为宁夏最具地方特色和品牌优势的产业，在自治区历届党委和政府的高度重视下，基地由过去传统数量型扩张向规模质量效益型转变，鲜果制干由传统自然晾晒制干向清洁能源设施制干转变，枸杞制品由以干果为主的传统初级产品向原浆、功能性食品、中成药、化妆品等精深加工产品转变。截至 2021 年底，宁夏枸杞种植面积达到 2.87 万公顷，鲜果产量 30 万吨，综合产值 250 亿（见图 2-3、图 2-4）；枸杞鲜果加工转化率达到 28%，干果、酒类、功能性食品和中药饮片等枸杞及其衍生制品达十大类 90 余种，销售市场实现全国一、二、三线城市 100% 全覆盖。产品远销欧美等 50 多个国家和地区，平均年出口枸杞 5000 吨、出口额 6000 万美元以上，分别占全国枸杞年出口 9000 多吨、出口额 12000 万美元的 55.6% 和 50%。基地良种使用率达到 95% 以上，统防统治率达到 85%。核心产区农民来自枸杞产业的收入占 60% 以上。目前，宁夏枸杞产业链企业达到 398 家，具有枸杞产品出口资质企业 60 家，培育国家级龙头企业 23 家（国家农业产业化重点龙头企业 8 家，国家林业重点龙头企业 8 家，国家级农民专业合作社 7 家）、自治区级农业产业化重点龙头企业 38 家，资产过亿元的企业有 8 家。建成全国绿色食品原料枸杞标准化生产基地 0.69 万公顷、国家级出口枸杞质量安全示范区 0.2 万公顷、有机枸杞基地 333.33 公顷、中药材 GAP 种植基地 134.67 公顷。通过美国 FDA 认证的枸杞企业达 34 家，产业规模逐步壮大。全国最大、功能最全的交易市场——宁夏中宁国际枸杞交易中心，有 200 多家枸杞经销企业、专业合作社入驻，平均每天有经营户 2000 多家参与交易，平均每年线上线下交易额达 53 亿元。宁夏已成为全国乃至全世界枸杞产业基础最好、生产要素最全、科技支撑力最强、品牌优势最突出的核心产区，已成为全国枸杞产业发展的风向标、价格的晴雨表。在行业内赢得了"世界枸杞看中国，中国枸杞看宁夏"的美誉。

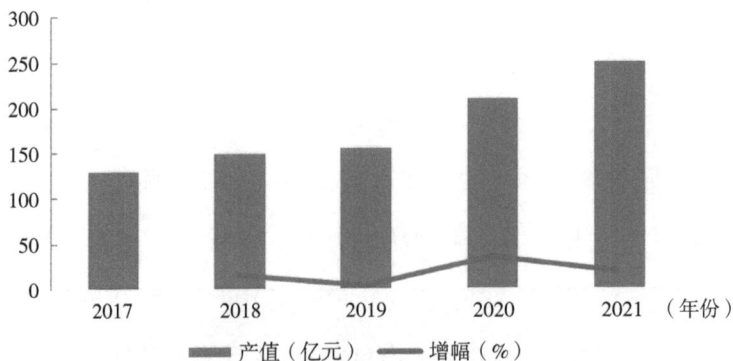

图 2-3　宁夏枸杞产值增幅

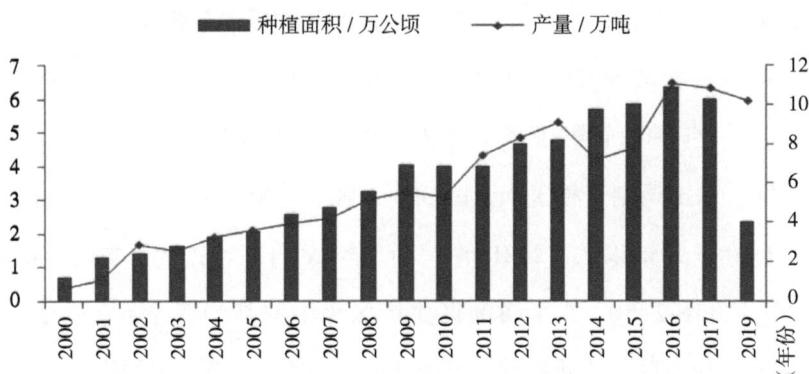

图 2-4　2000—2019 年宁夏枸杞种植面积和产量变化情况

（三）肉牛产业

宁夏是我国重要的肉牛养殖基地。近 5 年来，肉牛产业保持快速发展的良好势头。2021 年全区肉牛饲养量达到 209.9 万头，比 2016 年增长 45.2%，排名由全国第 23 名提高至第 19 名。其中，存栏 137.6 万头，比 2016 年增长 86.4%，出栏肉牛 72.3 万头，较 2016 年增长 6.0%；牛肉产量 11.8 万吨，较 2016 年增长 13.5%，增幅略高于全国，牛肉产量占全区肉类产量的 33.8%，人均牛肉占有量 16.4 公斤，居全国第 6 位，是全国平均水平的 3 倍（见表 2-1）。全产业链产值 379 亿元。

表 2-1　2015—2021 年宁夏肉牛存栏和牛肉产量情况

| 年份 | 2015 | 2016 | 2017 | 2018 | 2019 | 2020 | 2021 |
|---|---|---|---|---|---|---|---|
| 肉牛存栏（万头） | 72.1 | 76.4 | 77.5 | 84.5 | 97.1 | 120.7 | 137.6 |
| 牛肉产量（万吨） | 9.8 | 10.4 | 10.9 | 11.5 | 11.5 | 11.4 | 11.8 |

宁夏中南部主产区（原州区、彭阳县、隆德县、泾源县、西吉县、海原县、同心县、红寺堡区），大力推广"家家种草、户户养牛、自繁自育、适度规模"生产方式，持续扩大养殖规模，2021 年肉牛

饲养量 133.0 万头，占全区肉牛饲养量的 63.4%；存栏 90.8 万头，占全区肉牛存栏的 66%；其中母牛存栏 47.9 万头，占全区母牛存栏的 75.3%。一年种植青贮玉米 7.47 万公顷、苜蓿 5.47 万公顷、禾草 3.6 万公顷，加工调制全株玉米青贮 336 万吨、优质牧草 54.4 万吨，优质饲草自给率 90% 以上。2021 年牛肉产量 6.8 万吨，占全区牛肉产量的 57.6%（见图 2-5）。在引黄灌区主产区（平罗县、贺兰县、永宁县、灵武市、利通区、青铜峡市、沙坡头区、中宁县），围绕闽宁、白土岗、扁担沟、太阳梁等规模化集约化养殖基地建设，肉牛饲养量 76.9 万头，占全区肉牛饲养量的 36.6%；出栏量 27.8 万头，占全区出栏量的 38.6%；牛肉产量 5.0 万吨，占全区牛肉产量的 42.4%。

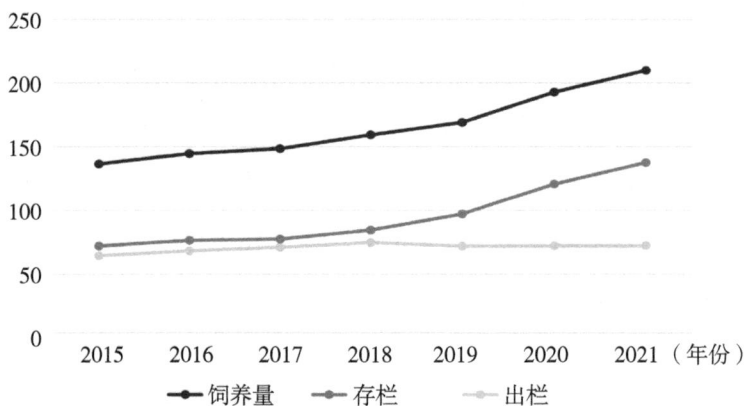

图 2-5　2015—2021 年宁夏肉牛饲养、存栏、出栏量

规模养殖场、家庭牧场、养殖大户等经营主体发展势头强劲，2021 年全区建成存栏 100 头以上规模养殖场 683 个，培育家庭牧场 6285 个；培育万头养殖乡镇 49 个，千头以上肉牛养殖示范村 274 个，较 2019 年增加 106%，规模化养殖比例达到 48%，较 2019 年提高 7

个百分点（见图 2-6）。全区现有肉牛养殖场（户）18.6 万户，户均养牛约 11 头，年出栏 50 头以上养殖比例达到 28.3%。创建自治区级以上肉牛标准化示范场 50 个、星级牧场 77 个。引进华润集团、福建融侨集团、贵州黄牛集团、成都融通集团，支持源牛、陇东等企业新（扩）建屠宰加工厂，新增屠宰加工能力 10 万头/年。全区肉牛屠宰加工厂（点）达到 25 家，其中国家级农业产业化龙头企业 2 家、自治区级龙头企业 7 家，年屠宰加工能力近 70 万头。新（扩）建活畜交易市场 3 个，建设牛肉分割加工中心 13 个、牛肉产品旗舰店和直营店 107 家，各类销售门店达到 522 个。

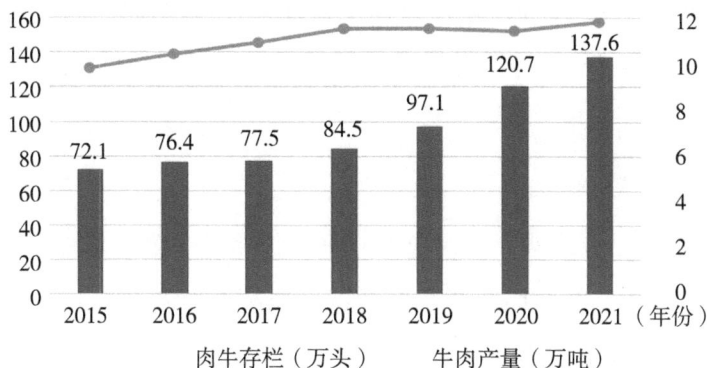

图 2-6　2015—2021 年宁夏肉牛存栏和牛肉产量变化趋势

（四）滩羊产业

宁夏是中国"滩羊之乡"。2020 年，全区滩羊饲养量 1221.2 万只，比 2010 年增长 35.9%，同比增长 6.3%，比全国高 5%。其中，存栏 596.1 万只，同比增长 4.9%，比全国高 3 个百分点；出栏 625.1 万只，同比增长 7.8%，比全国高 7%；羊肉产量 11.1 万吨，同比增长 6.6%，比全国高 5.6%；人均羊肉占有量 15.9 公斤，比全国人均高

12.13 公斤，居第 5 位。滩羊核心区 5 个县（区）饲养量 701 万只、羊肉产量 6.48 万吨，分别占全区 57.4%、58.4%，规模化养殖比例达到 59%，建设养殖合作社、家庭农场等新型经营主体 1554 家，辐射带动农户 3.1 万人；建设滩羊养殖示范村 136 个、养殖园区 329 个。滩羊改良区 8 个产业大县饲养量 520 万只、羊肉产量 4.61 万吨，分别占全区 42.6%、41.6%。全区现有滩羊养殖场（户）18.4 万个，年出栏 100 只以上的规模养殖场户 1.9 万个，规模化比重达到 51%。其中，年出栏 100—199 只的 13978 个，饲养量占 19.4%；200—499 只的 4134 个，占 13.8%；500—999 只的 981 个，占 7.3%；1000—2999 只的 275 个，占 5.4%；3000 只以上的 59 个，占 5.1%。培育产加销一体化龙头企业 9 家、养殖及种羊繁育企业 2 家，多形式、多途径提高了产业规模化生产水平。

（五）奶产业

宁夏依托引黄灌区资源禀赋，聚焦优质奶牛繁育基地和优质奶源生产基地建设，不断优化产区布局，形成了以银川市和吴忠市为核心、石嘴山市和中卫市为两翼的"一核两翼"牛奶产业集群基本形成，成为我国久负盛名的高端优质奶源基地，被农业农村部确定为全国牛奶优势产区。截至 2021 年底，宁夏奶牛存栏 70.2 万头，近 3 年年均增速 30.3%，增速连续 4 年居全国第一，存栏数位居全国 10 个牛奶主产省（内蒙古、河北、新疆、黑龙江、山东、四川、宁夏、山西、河南、甘肃）第 7 位；生鲜乳产量 280.5 万吨，近 3 年年均增速 26.47%，居全国第 5 位，平均每头奶牛年产奶量为 9200 公斤，比全国平均水平高 800 公斤，人均生鲜乳占有量 389 公斤，居全国首位，生鲜乳产值 108.2 亿元，同比增长 39.1%，占畜牧业总产值的 38.9%，对农林牧渔业总产值增长的贡献率为 79.4%；全区新（扩）建规模奶牛场 123 个，总数达到 355 家，千头以上奶牛规模养殖场占比达 70% 以上，万头以上的养殖场达到 11 家，规模化养殖比重从 2010 年的 60% 提高到 2021 年的 99%，高于全国平均水平 30%，居全国第 2 位；建设了兴庆区月牙湖、利通区五里坡、吴忠市孙家滩和宁夏农垦贺兰山奶业等 6 个奶牛保有量 2 万头以上的养殖基地，一批大型牧场的基础设施、机械设备、生产水平和管理能力达到国内一流水平，产业规模效应、集群效应进一步凸显。奶产业全产业链产值增长 68.5%，达到 610 亿元。与我区其他农业产业相比，奶产业率先实现了规模化、标准化、精细化、智能化。伊利、蒙牛、光明、新希望、娃哈哈等国内乳业龙头企业纷纷落户建厂，宁夏已成为特仑苏、金典、安慕希、纯甄等优质高端乳制品的重要原料基地。2010 年以来，全区奶产业持续快速发展，奶牛存栏和奶产量年均增长率分别达 5.5% 和 9.2%（见表 2-2）。

表 2-2　2010—2021 年宁夏奶牛存栏及生鲜乳产量情况

| 年份 | 2010 | 2011 | 2012 | 2013 | 2014 | 2015 | 2016 | 2017 | 2018 | 2019 | 2020 | 2021 |
|---|---|---|---|---|---|---|---|---|---|---|---|---|
| 存栏（万头） | 34.4 | 29.8 | 32.9 | 34.1 | 37.4 | 35.4 | 36.6 | 38.4 | 40.2 | 43.7 | 57.4 | 70.2 |
| 产量（万吨） | 84.5 | 96.1 | 103.5 | 104.2 | 135.7 | 136.5 | 139.5 | 160.1 | 168.3 | 183.4 | 215.3 | 280.5 |

资料来源：宁夏回族自治区统计局

6. 冷凉蔬菜产业

宁夏是农业农村部规划确定的黄土高原夏秋蔬菜生产优势区域和

设施农业优势生产区。良好的水土光热条件、洁净冷凉无污染的环境，为宁夏发展特色优质农产品，提供了得天独厚的资源条件。"十三五"以来，宁夏回族自治区党委、政府将冷凉蔬菜产业确定为"1+4"主导产业，大力发展蔬菜产业，形成了设施蔬菜、露地蔬菜、西甜瓜三大产业格局，品种以番茄、辣椒、菜心、黄花菜、芹菜、西兰花、大白菜、大葱、结球甘蓝、韭菜、西瓜、甜瓜为主。同时，坚持"冬菜北上、夏菜南下"战略，实施设施蔬菜、露地冷凉蔬菜、西甜瓜"三个百万亩工程"和设施农业效益倍增计划，从全产业链谋划发展，扶持基地建设、冷链配套、品牌打造和市场销售，蔬菜产业快速发展，规模化建设、集约化生产、产业化经营水平大幅提高，瓜菜产业已成为宁夏发展现代农业的重要载体和促进农民增收的支柱产业之一。"十三五"末，宁夏瓜菜种植面积达19.84万公顷，其中：设施蔬菜3.45万公顷、露地冷凉蔬菜11.16万公顷（供港蔬菜3.19万公顷、黄花菜1.22万公顷），露地西甜瓜5.23万公顷，总产量725.8万吨，实现产值203.8亿元；全区蔬菜良种覆盖率90%以上，提质增效技术覆盖率达70%，蔬菜监测平均合格率98.5%，产品70%以上销往全国各地，并出口到东南亚、俄罗斯等地。截至2021年底，蔬菜面积18.8万公顷，其中：设施蔬菜播种面积3.71万公顷；露地蔬菜10.12万公顷（供港蔬菜3.31万公顷、黄花菜0.61万公顷）；露地西甜瓜4.97万公顷（硒砂瓜4.11万公顷、露地地膜瓜0.86万公顷）。全年瓜菜总产量718.12万吨，一产总产值175亿元，其中：蔬菜总产量532.94万吨，人均占有量735公斤，比全国人均550公斤高185公斤，产值138.2亿元；西甜瓜总产量185.28万吨，人均占有量255.6公斤，比全国人均 44.2 公斤高 211.4 公斤，产值 36.8 亿元。打造高标准蔬菜基地 779 个，认定粤港澳大湾区"菜篮子"基地 21 家，香港渔农署授予"信誉农场"基地 9 家，建设上海市市外蔬菜主供应基地 21 家，培育有机认证基地 28 家、绿色认证基地 34 家。瓜菜总面积 10 万亩以上的县 12 个。已经形成了设施蔬菜、冷凉蔬菜、供港蔬菜和露地西甜瓜四大板块，建成了以引黄灌区为主的设施蔬菜、供港蔬菜生产优势区，以中部干旱带为主的西甜瓜、黄花菜生产优势区，以南部山区为主的冷凉蔬菜优势区。培育了"宁夏菜心""中卫硒砂瓜""盐池黄花菜""西吉西芹""彭阳辣椒""六盘山冷凉蔬菜"等一批瓜菜区域公用品牌，打造了"连湖西红柿""上滩韭菜"等一批特色产品品牌，全区冷凉蔬菜产业综合产值多年稳定在 200 亿元以上。

## 三、优质农产品市场竞争力影响力显著提升

"十三五"以来，宁夏大力推动产业转型升级，积极推动产业由粗放向集约、由低端到高端、由传统向现代转变，产业呈现出良好的快速发展势头，农业优势特色产业在第一产业中占比达到 88%。大力实施特色优质农产品品牌工程和质量提升行动，聚焦特色农产品优势区建设，以市场需求为导向，优品类、提品质、打品牌，重点打造盐池滩羊、宁夏枸杞、贺兰山葡萄酒等特色农产品区域公用品牌，全方位打响"五大之乡"品牌。截至 2021 年底，培育打造了 13 个区域公用品牌、30 个企业品牌和 40 个农产品品牌。培育特色优质农产品品牌 474 个，其中：绿色食品 306 个，有机农产品 41 个，农产品地理标志 60 个，名特优新农产品 43 个，良好农业规范（GAP）认证产

品 24 个（见表 2-3）。获证绿色优质农产品数量年增幅保持在 6% 以上，认证产品覆盖了枸杞、葡萄酒、奶牛等产业（见图 2-8）。创建中国特色农产品优势区 7 个，"盐池滩羊""宁夏大米"等 8 个区域公用品牌入选全国特色农产品区域公用品牌。14 个蔬菜生产基地入选首批粤港澳大湾区"菜篮子"基地。创建全国绿色食品原料标准化生产基地 13 个、全国有机农产品标准化生产基地 3 个。"盐池滩羊""中宁枸杞""贺兰山东麓葡萄酒"品牌价值分别为 88.17 亿元、190.32 亿元、281.44 亿元。研究设计了"宁夏菜心""六盘山冷凉蔬菜""盐池黄花菜"等特色农产品品牌形象标识，一些"原字号""老字号""宁字号"特色优质农产品品牌内涵和形象标识得到进一步挖掘和提升，焕发了新活力。"盐池滩羊肉""中宁枸杞""宁夏贺兰山东麓葡萄酒""宁夏牛奶""香山硒砂瓜"等十大农产品获得"宁夏农产品区域公用品牌"。

表 2-3　宁夏绿色食品认证情况表

| | 产品类别 | 企业数（个） | 产品数（个） | 产品占比（%） |
|---|---|---|---|---|
| 绿色食品（147 家企业，371 个产品） | 葡萄酒 | 0 | 0 | 0 |
| | 枸杞 | 30 | 104 | 28.03 |
| | 牛奶 | 1 | 1 | 0.27 |
| | 肉牛 | 0 | 0 | 0 |
| | 滩羊 | 0 | 0 | 0 |
| | 冷凉蔬菜 | 39 | 77 | 20.76 |
| | 其他产品 | 77 | 189 | 50.94 |

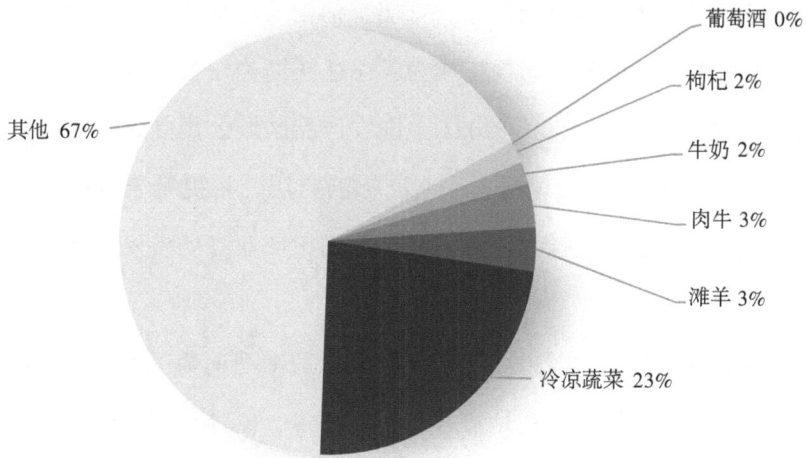

图 2-7 宁夏农产品地理标志情况统计图

在枸杞产业上，"宁夏枸杞贵在道地"。特殊的地理环境造就了宁夏枸杞"甘美异于他乡"的品质。宁夏枸杞是《中华人民共和国药典》明确记载的可以入药的唯一枸杞基源植物，是药食同源的佳品。目前宁夏拥有 7 个国家驰名商标，11 个宁夏著名商标。2018 年、2019 年全国优质农产品区域公用品牌中药材排行榜上，"宁夏枸杞"连续 2 年稳居第二名，仅次于"东北人参"。2020 年"宁夏枸杞"荣获中国区域农业品牌影响力排行榜"中药材产业"类别第三名；2020 年，"中宁枸杞"区域公用品牌价值达 190.32 亿元，获评 2020 年标杆品牌。"宁夏枸杞"和"中宁枸杞"入选"中欧地理标志"第二批互认保护名单，双双被评为全国消费者最喜爱的 100 种优质农产品。2021 年，"宁夏枸杞"地理标志商标获批。"沃福百瑞""百瑞源""早康""玺赞"等企业品牌，在国内外市场得到了认可和发展，已建立较为完整的枸杞知名品牌，表现出较强的市场影响力，对宁夏枸杞产业发展起到了很好的拉动作用。百瑞源枸杞入选金砖国家领导人厦门会晤国宴用品，玺赞生态枸杞成为天津达沃斯论坛首次入选的枸杞产品。"宁夏枸杞"还上榜了 2021 中国农产品区域公用品牌市场竞争力品牌，"宁夏枸杞"地理标志证明商标的启用，将提升宁夏枸杞品牌知名度、美誉度和影响力，对推动宁夏枸杞产业高质量发展具有十分重要的意义。

在葡萄酒产业上，2021 年"贺兰山东麓酿酒葡萄"入选第四批中国特色农产品优势区。在品醇客、布鲁塞尔、柏林等国际葡萄酒顶级大赛中，先后有 60 多家贺兰山东麓酒庄酿造的葡萄酒获得 1100 多个大奖，以超过中国奖牌总数一半以上的绝对优势位居中国奖牌榜首位。产区 40 款葡萄酒在法国波尔多葡萄酒城展示 3 年，成为中国唯一在波尔多葡萄酒城亮相展示的产区。目前，贺兰山东麓葡萄酒已远销 40 多个国家和地区。2020 年 7 月，贺兰山东麓葡萄酒入选 100 个中国地理标志，成为受欧盟保护的中国首批地理标志。2021 年，贺兰山东麓葡萄酒以品牌价值 281.44 亿元位列全国地理标志产品区域品牌榜第 9 位，并列入中欧地理标志互相保护协定附录。产区影响力、产业带动力、市场竞争力不断提升，得到了业界和消费者的广泛认可，葡萄酒已成为宁夏耀眼的"新兴地标"和"紫色名片"，葡萄酒产业也已经成为宁夏扩大开放、调整结构、转型发展、促农增收的重要产业。2021 年，国际葡萄与葡萄酒组织（OIV）给予宁夏"葡萄酒之都"的认可，全球葡萄酒旅游组织（GWTO）授予宁夏"全球葡萄酒旅游目的地"称号。《纽约时报》将宁夏评为全球"必去"的 46 个最佳旅游地，理由是"这里是荒漠戈壁，在宁夏可以酿造出中国最好的葡萄酒"，并荣膺"世界十大最具潜力葡萄酒旅游产区""全球葡萄酒旅游目的地"。
世界葡萄酒大师杰西斯·罗宾逊认为："毋庸置疑，中国葡萄酒的未来
在宁夏。"贺兰山东麓已经成为中国葡萄酒的重要产区、明星产区，成
为宁夏对话世界、世界认知宁夏的一张"紫色名片"。

在肉牛产业上，"宁夏六盘山牛肉""固原黄牛""泾源黄牛肉"
获国家地理标志农产品品牌，注册了"西海固"区域公用品牌，其中
"固原黄牛"入选中国农业品牌目录；培育了"六盘山泾河""天源牧
场""开荒牛""尚农" 4 个全国名特优新牛肉产品品牌。培育了"穆
和春""五丰""宁草之苑""赶吉牛"等企业品牌 55 个。

宁夏作为"中国滩羊之乡"，多年来致力打造"盐池滩羊"品牌
并取得显著成效，"盐池滩羊"名列中国区域农业品牌影响力排行榜
畜牧类第一，获批 2021 年国家地理标志产品保护示范区，成为中国
驰名商标和国家农产品地理标志示范样板，入选国家百强农产品区域
公用品牌和全国商标富农案例，成为我国重要农业物质文化遗产和高
端羊肉的代表品牌。滩羊肉先后入选 G20 杭州峰会、金砖国家领导
人厦门会晤和上合组织青岛峰会、夏季"达沃斯论坛"等重大会议国
宴专用食材，在一二线城市中高端市场的知名度、美誉度逐年提升。
2020 年，滩羊肉在区外销售量达到 13801 吨，为 2019 年的 139.8%。
其中，盐池县外销滩羊肉 7645.2 吨，占全区 63.1%，区外平均售价每
公斤 100 元左右。鑫海公司生产的皇品滩羊、至尊滩羊等精细分割羊
排年均销售 2 吨，每公斤售价分别达到 385 元和 303 元，滩羊品牌效
应带来的发展红利逐步显现。

在奶产业上，宁夏被业界誉为"黄金奶源地"。伊利、蒙牛、新

希望、光明等乳业龙头企业落户宁夏，2020年，新增生鲜乳日加工能力1400吨，建设标准化规模养殖场62个，完成投资54.3亿元。伊利、蒙牛利用宁夏优质奶源生产的"金典""特仑苏""安慕希""纯甄"等高端乳制品畅销全国，夏进乳业生产的特色枸杞奶畅销区内外，金河乳业生产的奶酪、稀奶油、蛋白粉等精深加工产品，赢得市场青睐，品牌效应凸显。"吴忠牛乳"成为全国农产品地理标志品牌，"夏进""金河"等本土企业品牌知名度越来越高。

在冷凉蔬菜产业上，宁夏作为"中国马铃薯之乡""中国硒砂瓜之乡"，多年来致力打造优质瓜菜产品品牌并取得显著成效。蔬菜产业快速发展，规模化建设、集约化生产、产业化经营水平大幅提高，宁夏菜心、贺兰螺丝菜、越夏番茄、西吉西芹、彭阳辣椒、固原马铃薯等一批优质特色产品70%以上销往全国各地，并出口到东南亚、俄罗斯等地。宁夏供港蔬菜成为全国优质蔬菜的代表和粤港澳市民的首选菜，"越夏番茄""冷凉蔬菜"品牌唱响。据银川海关统计数据显示，2020年宁夏直接出口各类蔬菜1.54万吨，出口总值1.08亿元，同比增长545.25%，主要出口国家和地区为马来西亚、新加坡和中国香港。其中，起步于2006年的宁夏供港蔬菜，目前有生产企业96家，规模化生产基地136个，从田间到餐桌实行全程质量控制，9家基地被香港渔农署授予"信誉农场"称号，"宁夏菜"成为香港市民的"首选菜"，生产的"上海青"油菜被上海市民冠名"宁夏上海青"热销上海。"中卫硒砂瓜""青铜峡番茄""宁夏菜心"获全国农产品地理标志登记，"香山硒砂瓜"获宁夏农产品区域公用品牌；宁夏绿色食品品种达到27个，取得农业农村部农产品地理标志证书的蔬菜 20 个。2021 年全区冷凉蔬菜产品质量安全例行监测合格率达到 98.5%，"两品一标"蔬菜产品达 134 个。宁夏蔬菜在区外高端市场知名度、影响力和占有率不断提高，已成为全国优质高品质蔬菜产区之一。

## 四、科技支撑产业发展成效显著

越是欠发达地区，越需要实施创新驱动发展战略。为深入贯彻落实好习近平总书记视察宁夏重要讲话精神，立足新发展阶段、贯彻新发展理念、融入新发展格局、推动高质量发展，宁夏这个西部欠发达的小省区，大力实施创新驱动发展战略，研发经费投入强度近十年翻了一番，"科技支宁"东西部合作的"宁夏模式"在全国推广，科技成果不断涌现，为推动产业高质量发展提供了强有力的科技支撑。"十三五"期间，农业领域获得国家和自治区科学技术奖励 80 多项，其中，在葡萄酒、枸杞、牛羊、瓜菜领域上获奖成果有自治区科学技术重大贡献奖 1 项，自治区科技进步一等奖 3 项，二等奖 6 项，三等奖 19 项。宁夏农业领域建成自治区重点实验室 11 家、工程技术研究中心 33 家、技术创新中心 144 家，组建枸杞等产业技术创新战略联盟 7 个。培育农业科技创新团队 32 个，全区农业技术人员总数达到 8600 多人，占科技人员总数的 27.7%。获批建设国家农业科技园区 5 家，实现地级市全覆盖。培育农业类国家高新技术企业 14 家、自治区农业高新技术企业 38 家。创新平台、创新团队在企业布局占 70% 以上。实现了每一个优势特色上都有自治区创新团队。借助国家和自治区各类科技计划、引智计划，聚焦人才支撑，建立人才引进新机制，积极引进国内外高层次人才和团队，创建了"人才＋项目＋企业＋创新联合体"一体化精准引才模式。制定出台支持人才培养、引进和使用的政策措施50多项，有效优化了科技人才创新创业政策环境。先后柔性引进院士119人、知名专家338人。全区18个农业科技创新团队，涵盖了现代农业、枸杞、葡萄酒等多个领域。全区科技特派员队伍总人数达到4825人，在全区170个深度贫困村和近100个贫困村实施科技精准扶贫，建立科技示范基地300多个。

如在枸杞产业上，截至2020年，宁夏相继建成4个国家级枸杞研发中心、2个国家级枸杞质量检测检验中心、1个国家级枸杞检测重点实验室、1个国家级枸杞研究院、2个国家级枸杞种质资源圃、1个宁夏枸杞种源保护基地、3个自治区级良种繁育示范基地、2个院士工作站、14个枸杞产业人才高地工作站。初步统计，2015—2019年宁夏登记枸杞类科技成果达66项。目前，宁夏自主培育出的枸杞良种宁杞1号、宁杞2号、宁杞5号、宁杞7号等10余个枸杞新品种应用于生产，已覆盖全国所有枸杞产区，占全国枸杞主栽品种的95%以上；枸杞嫩枝扦插、硬枝扦插等标准化繁育技术、种苗分子标记和鉴定技术得到全面推广应用，良种苗木年繁育能力突破1亿株。枸杞规范性描述和综合评价体系初步建立，创建了世界上资源最丰富的枸杞种质库，收集保存15种3变种2000余份枸杞种质材料，国内特异种质资源100%入库，国外具有重要经济性状的种质资源60%入库；筛选63份核心种质，构建了20个遗传群体，创建了包含农艺、品质、抗性等200个重要性状表型数据库。制定国家枸杞新品种DUS

测试标准，建立了高效育种体系，创制出具有大果、丰产、高类胡萝卜素等优异性状的红果枸杞优系 31 个、黄果枸杞新优系 7 个、黑果枸杞新优系 12 个。研制出枸杞采摘机、开沟、施肥、植保、除草、枝条粉碎还田等专用设备 16 种，机械作业效率提高 30%。宁夏枸杞基因组学研究取得了重大突破，完成了枸杞全基因组测序和 12 条染色体的物理图谱组装，找到了茄科物种由草本向木本进化的证据，揭示了宁夏枸杞的生物起源和传播路径，探明了枸杞抗性机理，建成宁夏枸杞 700 种代谢物数据库，首次检出对宁夏枸杞品质有重要影响的 5 种番茄碱。揭示了宁夏枸杞红素、枸杞糖肽、黑果枸杞花青素等枸杞功能因子在提高免疫力、预防心血管氧化损伤、预防前列腺疾病等方面的作用机制，形成了"基础研究—关键技术攻关—示范应用"的全产业链模式。宁夏枸杞功效物质作用机理研究取得突破性进展，探明了宁夏枸杞在抗阿尔兹海默病和血管生成抑制方面的特有功效及作用机制，发现了宁夏枸杞"抗衰老"功效的作用物质和作用靶点，科学解读了宁夏枸杞"坚筋骨"的传统功效，解析了枸杞"清肝明目"的分子生物学理论，发现了枸杞多糖抗抑郁、抗脑缺血损伤、保护神经元、调控肠道菌群等新功能。

在葡萄酒产业方面，实施了优新品种选育、栽培关键技术研究、酿造工艺关键技术研发、产区风土条件与葡萄酒特异性研究、葡萄酒质量监测指标体系及技术平台构建等一批科技研发项目，筛选出 20 多个适宜产区栽培的优新品种，集成推广了浅清沟、斜上架、深施肥、统防统治及高效节水灌溉等一批关键技术，创建了以葡萄酒产业为主导的自治区级农业高新技术产业示范区，组建了 6 个自治区创新平台、2 个自治区农业科技示范展示区和 30 家试验示范酒庄。建设了自治区葡萄酒产业人才高地，组建了宁夏国家葡萄及葡萄酒产业开放发展综合试验区专家委员会，成立宁夏大学食品与葡萄酒学院、宁夏葡萄酒与防沙治沙职业技术学院、宁夏贺兰山东麓葡萄酒教育学院，不断深化与国内外院校人才培训合作，建立了葡萄酒学历教育、职业技能教育和社会化教育培训三级体系。自治区先后出台了贺兰山东麓葡萄酒产区保护条例、葡萄酒产业高质量发展实施方案、创新财政支农方式加快葡萄产业发展的扶持政策暨实施办法等政策性文件，为产业发展提供了政策支撑。

在奶产业上，2003 年以来，全区累计引进国外优质奶牛 15 万头，推广国内外优质冻精 386 万支；引进国外高产奶牛性控胚胎、性控冻精培育高产奶牛 4.2 万头；重点实施优质高产奶牛选育、奶牛生产性能测定、奶牛养殖节本增效等项目，全面推广良种选育、生产性能测定、全混合日粮饲喂等 10 项技术，全区规模养殖场奶牛良种率、机械挤奶率、青贮饲喂率均达 100%，参加奶牛生产性能测定的牧场 33 个，参测泌乳牛 5.45 万头，305 天产奶量 10039.3 公斤，达到欧美等发达国家水平。自 2013 年以来，我区持续实施优质高产奶牛选育重大专项，实现高产奶牛快速扩繁，提升了种源自给能力。建立良种繁育示范场 14 个，组建高产奶牛核心群 5000 头以上，单产达到 14.1 吨。自主培育优秀后备种公牛 18 头，其中"宁京 1 号"种公牛（GTPI）达到 2822 头，进入国内先进行列。扩繁优质奶牛 20 万头。中国（宁夏）良种牛繁育中心在海原县建成并投入试生产，贺兰山奶业、吴忠金宇浩兴、海原新希望、灵武兴源达 4 个奶牛体外胚胎

（OPU）生产示范中心已全部投入运营，有效提高了我区优质高产奶牛选育扩繁能力，实现了单一引种向自主繁育转变。启动实施了奶牛育种、营养调控、疫病防控、粪污资源化利用等重大科技专项 12 项，投入专项资金 5200 万元，建立奶产业创新平台 24 个，有力提升了全区牛奶产业科技创新能力和水平。

## 五、优质农产品标准体系逐步构建

全面推广绿色生产技术，深入实施化肥农药减量增效行动，主要农业绿色发展指标位居西部前列。截至 2020 年，发布枸杞国家、行业及地区、团体标准共 131 项，其中，国家标准 3 部，行业标准 9 部，地方标准 76 部。2017 年，宁夏制定发布了全国唯一的《食品安全地方标准枸杞》。2019 年，宁夏起草制定的《道地中药材宁夏枸杞》《中药材商品等级规格枸杞子》国家团体标准由中华中医药学会正式发布。宁夏科技攻关课题专项成果《中医药枸杞子》ISO 国际标准正式发布，进一步筑牢了宁夏枸杞作为唯一药用枸杞的功能定位。制定发布了《宁夏枸杞干果商品规格等级规范》（DB64/T1764-2020），进一步凸显宁夏枸杞道地属性；发布《食品安全地方标准枸杞干果中农药最大残留限量》（DBS64/005-2021），填补了国内枸杞干果农药残留的标准空白。至此，宁夏枸杞标准体系覆盖产地环境、种质种苗、种植栽培、生产过程控制、包装分级、加工和储藏运输等产前、产中、产后诸环节。标准化基地建设已辐射全区 18 个县区 92 个乡镇，规范化栽培技术（GAP）、绿色食品生产基地已达栽培面积的 80% 以上，集成了"标准化规模建园、篱架栽培、精准施肥、定额灌溉、病虫防控、量化修剪、制干工艺、智能化管理"等 8 项核心技术。基本实现了规模化种植、良种化栽培、集约化经营、标准化管理。坚持用标准引领产区发展，葡萄酒产业成立了宁夏葡萄与葡萄酒产业标准化技术委员会，制定发布了《贺兰山东麓葡萄酒技术标准体系（DB64/T1553–2018）》，组织开展了酿酒葡萄产业地方标准制（修）订和审定工作。在优质种苗、葡萄栽培、病虫害防治、酿造工艺、葡萄酒贮运、酒庄建设等方面先后发布地方标准 41 项。宁夏还制定发布了菜心生产技术标准 17 项、番茄 259 项、牛奶 111 项、肉牛 61 项、滩羊 67 项、甜瓜 58 项，涉及育苗育种、检验检疫、生产种植、病虫害防治、采收、贮运保鲜、流通销售及其他等环节（见图 2-8）。宁夏已认证登记绿色食品 279 个，有机农产品 33 个，获证优质农产品数量年增幅保持在 6% 以上，认证产品覆盖了优质粮食、牛奶、酿酒葡萄、枸杞、滩羊、硒砂瓜、马铃薯等产业。截至 2021 年底，培育集约化育苗企业 208 家、年生产种苗 17 亿株，全面提高了蔬菜集约化育苗覆盖率和新品种推广速度；全区建成规模化标准化蔬菜生产基地 779 个，其中：设施蔬菜 377 个，露地蔬菜 396 个，蔬菜制繁种基地 6 个，有效提高了蔬菜标准化生产水平。围绕牛奶产业提质增效，全面推广了良种选育、生产性能测定、全混合日粮饲喂、信息化管理、粪污资源化利用等标准化生产技术，奶牛良种化率、机械化挤奶率、青贮饲喂比例均达到 100%；推广粪污全量还田、商品有机肥生产、废水清洁回用等模式，就地就近消纳养殖粪污，奶牛场粪污处理设备配套率达到 100%，粪污综合利用率达到 95% 以上，累计创建自治区级以上奶牛标准化示范场 104 个。

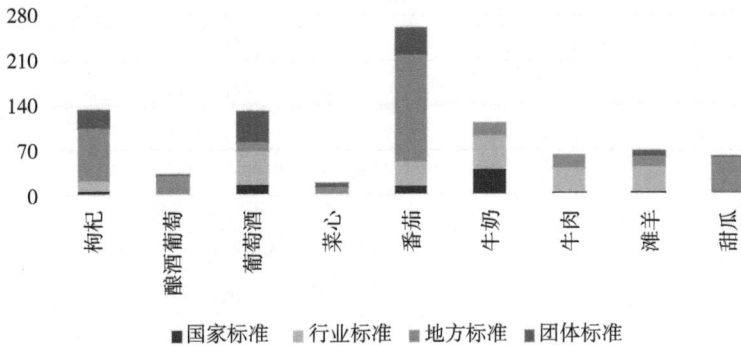

图 2-8　宁夏 9 种农产品现行标准图

## 六、新型农业经营主体不断发展壮大

截至 2021 年底，全区农业产业化龙头企业、农民合作社、家庭农场分别达到 385 家、6166 家、15615 家，培育农业产业化联合体 72 家。农产品加工企业有 1539 家，其中规模以上企业 169 家，营业收入过亿元的 57 家，带动农户 84.5 万户，主要农产品的加工转化率达到 69%。共培育国家级农业产业化重点龙头企业 28 家（见表 2-4），自治区级龙头产业企业 451 家，涌现出百瑞源、兴唐、昊王、厚生记、玺赞、夏华等一批区域范围内示范带动能力强的国家级龙头企业。枸杞、奶产业、肉牛和滩羊全产业链综合产值达到 1295.5 亿元，绿色食品加工业总产值达 576 亿元（见图 2-9）。

表 2-4　国家级农业产业化重点龙头企业

| 序号 | 产业类型 | 名单 |
|------|----------|------|
| 1 | 枸杞产业 | 百瑞源枸杞股份有限公司 |
| 2 | | 早康枸杞股份有限公司 |
| 3 | | 宁夏中杞枸杞贸易集团有限公司 |
| 4 | | 宁夏厚生记食品有限公司 |
| 5 | | 宁夏沃福百瑞枸杞产业股份有限公司 |
| 6 | | 玺赞庄园枸杞有限公司 |
| 7 | | 宁夏全通枸杞供应链管理股份有限公司 |
| 8 | 葡萄酒产业 | 御马国际葡萄酒业（宁夏）有限公司 |
| 9 | 草畜产业 | 宁夏大北农科技实业有限公司 |
| 10 | | 宁夏夏华肉食品股份有限公司 |
| 11 | | 宁夏涝河桥肉食品有限公司 |
| 12 | | 宁夏香岩产业集团有限公司 |
| 13 | | 宁夏九三零生态农牧有限公司 |
| 14 | | 宁夏伊品生物科技股份有限公司 |
| 15 | | 固原宝发农牧有限责任公司 |
| 16 | 奶产业 | 宁夏夏进乳业集团股份有限公司 |
| 17 | | 宁夏金河科技股份有限公司 |
| 18 | | 宁夏农垦贺兰山奶业有限公司 |
| 19 | | 中地乳业集团有限公司 |
| 20 | 瓜菜产业 | 宁夏天瑞产业集团现代农业有限公司 |
| 21 | | 宁夏佳立马铃薯产业有限公司 |
| 22 | 优质粮食产业 | 宁夏兴唐米业集团有限公司 |
| 23 | | 宁夏塞北雪面粉有限公司 |
| 24 | | 宁夏塞外香食品有限公司 |
| 25 | | 宁夏昊王米业集团有限公司 |
| 26 | | 宁夏万齐农业发展集团有限公司 |
| 27 | 其他特色产业 | 宁夏小任果业发展有限公司 |
| 28 | | 宁夏晓鸣农牧股份有限公司 |

注：资源来源于农业农村部乡村产业发展司网站

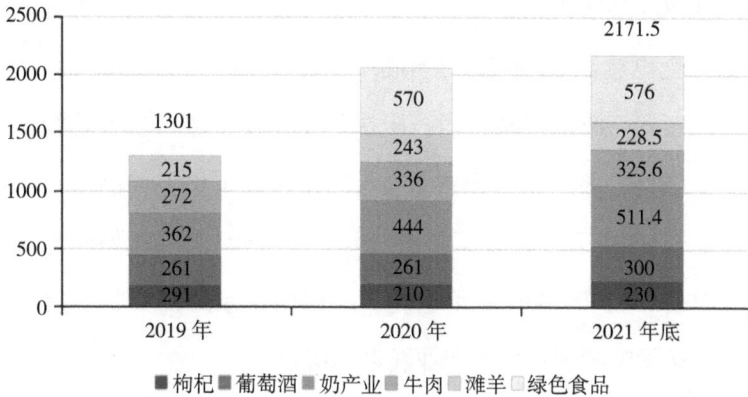

图 2-9 农业重点产业综合产值对比图

截至 2021 年底，宁夏共有 15 个县（区）被国家确定为电子商务进农村综合示范县，近一半的示范县跻身国家"农村电商提档升级"工程行列。全区乡村服务站点达 1209 个，在全国率先实现电子商务进农村省域全覆盖。在互联网上开设网店的宁夏龙头企业达 150 多家。2020 年全区网络零售总额达 209.4 亿元，其中实现农产品网络零售额 87.03 亿元，同比增长 40.65%。

从事枸杞生产的自治区级以上龙头企业 61 家，其中，国家级农业产业化重点龙头企业 8 家、国家级林业产业化重点龙头企业 8 家、国家级农民专业合作社 7 家、自治区级农业产业化重点龙头企业 38 家、资产过亿元的企业有 8 家。具有枸杞产品出口资质企业 60 家，枸杞深加工企业约有 240 家。枸杞农民专业合作社、家庭农场等新型主体达 120 余家（见图 2-10），30% 的主体实现了生产基地标准化，基地标准化率达到 70%。2021 年枸杞加工企业达到 273 家。在全国乃至世界最大、功能最全的枸杞专业批发市场——中宁国际枸杞交易中心，有 200 多家枸杞经销企业、专业合作社入驻市场挂牌营业，进场枸杞经营户达 2000 多家，7 年累计枸杞交易量达 70 多万吨，金额达 320 多亿元。沃福百瑞公司投资 2 亿元建设了年产 2 万吨枸杞原浆等深加工项目，厚生记公司投资 1.4 亿元建设了枸杞饮品项目，百瑞源公司投资 8000 万元建设了年产 3500 吨发酵型鲜枸杞原浆深加工项目，全通公司投资 8000 万元建设了高端枸杞系列酒项目，这些项目的建成推动了宁夏现代枸杞产业转型升级。

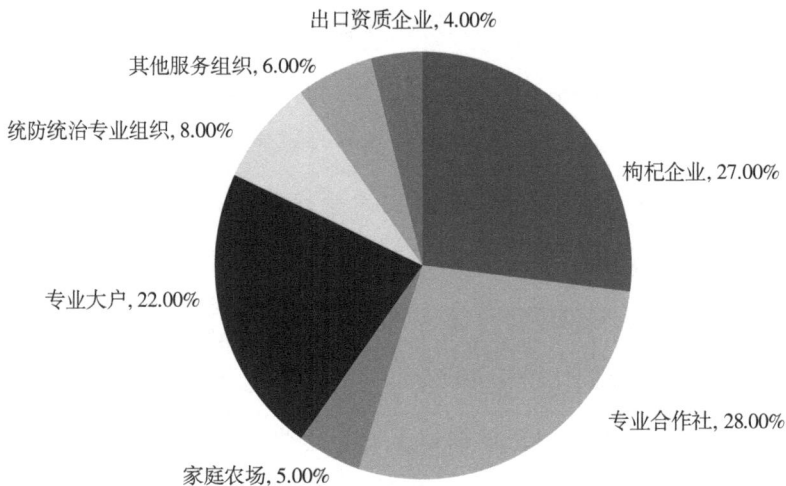

图 2-10 宁夏枸杞产业经营主体类型和数量

注：数据来源为宁夏回族自治区林业和草业局

贺兰山东麓建成酒庄 116 家，葡萄酒年加工能力超过 20 万吨。这 116 家酒庄中有 1/3 以上的酒庄具备旅游接待功能，目前，获得 2A 级以上旅游的酒庄共有 12 家，产区有从事葡萄酒产业生产配套企业 11 家，包括种苗生产 3 家、酒标发酵罐及配件设备加工 1 家、橡木塞次加工 1 家。宁夏乳制品加工初步形成了以伊利、蒙牛、光明、新希望 4 大龙头企业为引领，金河、亿美、北方乳业等 12 家宁字号企业为基础的高端奶产业发展新格局，为打造"高端奶之乡"提供有力支撑。全区现有滩羊养殖场（户）18.4 万个，规模化比重达到 51% 的养殖场户 1.9 万个；滩羊核心区规模化养殖水平高于全区平均水平，规模化养殖比例达到 59%，建设养殖合作社、家庭农场等新型经营主体1554 家，辐射带动农户 3.1 万人；滩羊养殖示范村 136 个、养殖园区329 个；培育产加销一体化龙头企业 9 家，建成良种繁育场 7 家；全区蔬菜流通企业和合作企业 309 个，建成蔬菜冷藏保鲜库 598 个，瓜菜采后处理中心 10 个，冷链运输企业 7 家，电商平台 8 家，区外蔬菜外销窗口 9 个，硒砂瓜经销网点 33 个，培育冷凉蔬菜加工经营企业 24 个，蔬菜生产和流通服务主体 569 个，培育蔬菜农机、植保、育苗、农资等专业化服务主体 238 个。新型经营主体不断发展壮大，成为引领现代农业发展的主力军，有力促进了自治区优势特色产业发展。

## 七、农产品质量安全监管体系逐步健全

建立了区、市、县、乡四级农产品质量安全检验检测体系，鼓励绿色农产品加工主体建立 HACCP、ISO 22000 等食品安全管理体系，实施生产、加工、流通全程质量监管，严格落实标准化生产、产地环境、产品质量检测和投入品管控，保证了绿色食品质量安全。宁夏已建立健全区、市、县、乡四级农产品质量安全检验检测和监管体系，建设农产品质量安全可追溯体系，搭建信息化追溯平台，加大农药、兽药、饲料添加剂等投入品使用监管，加强蔬菜、牛羊肉、水产品等

"菜篮子"产品例行监测，完善市场准入、产地合格证制度，推行承诺达标合格证制度。目前，全区建成部省级农产品检测中心4个、市级农产品检测中心5个、县级农产品检测中心（站）21个、各类农残速测点300多个。全区22个县（市、区）标志性农产品、特色优质农产品、国家农产品质量安全县的近1500个蔬菜基地、枸杞基地、畜禽养殖场、屠宰场和水产品捕捞点等纳入了农产品质量安全追溯系统，近1200家农业投入品经营主体接入自治区农业投入品在线监管系统，宁夏产地主要农产品监测合格率连续5年达98%以上，有效提升了绿色农产品的品质。

GAP认证企业

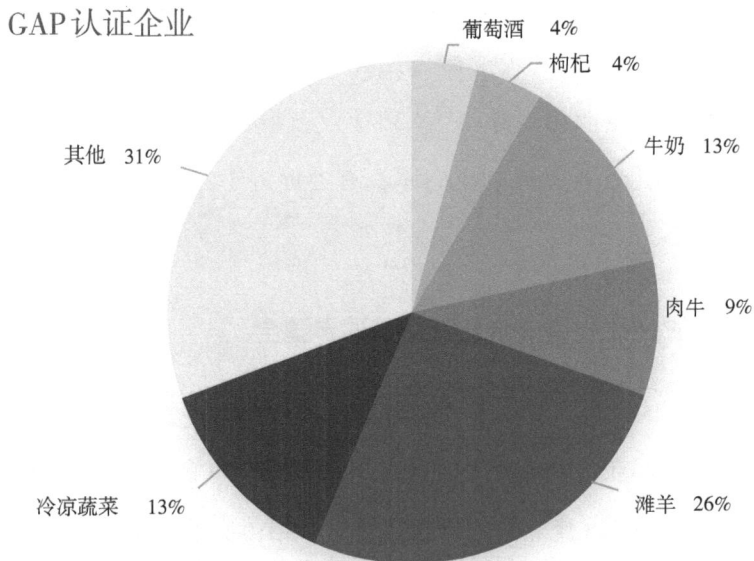

图2-11 宁夏良好农业规范认证（GAP）统计图

## 第二节 宁夏特色产业面临的挑战

近年来，宁夏优势特色农业产业表现出了强劲的发展势头，已逐步形成了规模化的发展形式、区域化的布局特征、专业化的生产方式以及产业化的经营模式等新格局，为宁夏现代农业建设、农业产业效益提升和农民增收奠定了坚实的产业基础。自治区第十三次党代会提出，深入实施特色农业提质计划，大力发展葡萄酒、枸杞、牛奶、肉牛、滩羊、冷凉蔬菜"六特"产业，推进农业现代化增效提档，做实做强特色现代农业。目标到 2027 年，全区农业农村现代化取得重要进展，现代农业三大体系基本构建，粮食和重要农产品供给保障更加有力，农业生产结构和区域布局明显优化，国家农业绿色发展先行区、宁夏国家葡萄及葡萄酒产业开放发展综合试验区建设取得阶段性成效，农业质量效益和竞争力明显提高。全区葡萄酒产业力争实现综合产值 1000 亿元，酿酒葡萄基地规模达到 100 万亩；枸杞产业综合产值力争突破 500 亿元；牛奶产业实现全产业链产值 1100 亿元，奶牛存栏 100 万头，生鲜乳产量达到 580 万吨；肉牛产业实现全产业链产值 620 亿元，肉牛饲养量达到 270 万头；实现滩羊产业全产业链产值 400 亿元，滩羊饲养量达到 1770 万只；全区蔬菜面积达到 300 万亩以上，总产量达 700 万吨以上。在世界百年未有之大变局深度演化与我国社会主义现代化建设新征程开局起步相互交融，新冠肺炎疫情影响广泛深远，我国经济已由高速增长阶段转向高质量发展阶段，宁夏发展的内外部环境也随之发生深刻变化的这样一个特殊时期，要实现上述预期目标，推动产业高质量发展，增强农产品竞争力，拓宽农民增收致富渠道，加快建设农业强省，实现地区经济新的腾飞，宁夏优质农产品生产和特色优势产业发展除面临同国内相同挑战外，还存在着一些比较突出的问题和不足，具体表现在：

## 一、产业规模化、标准化生产水平低

经过多年的发展，宁夏农业优势特色产业发展较快，已经形成了一批相对成熟的产业综合体，经济效益凸显。但相比其他省市而言依旧处于较低发展水平，一些产业规模化不够、综合高效配套技术到位率低；规范化生产、环境调控技术、病虫害防治技术、防疫技术、可持续发展技术应用率低；农产品标准化生产技术体系建设和加工产业发展相对滞后，农业优势特色产业的产量、质量、效益不高，制约了宁夏优质农产品高质量发展。截至 2021 年底，全国有农业产业化国家重点龙头企业 1532 家，宁夏为 28 家（见图 2-12），仅占全国的 1.8%。其中，区内枸杞企业 8 家，占全区 21.4%；草畜企业 8 家，占 28.6%；奶业企业 4 家，占 14.3%；葡萄酒企业仅 1 家（见图 2-13）。

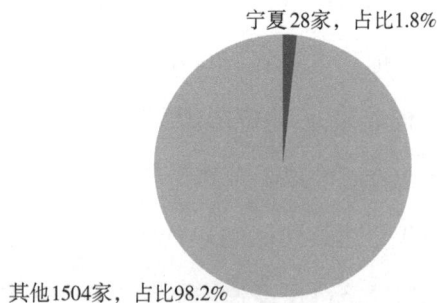

宁夏28家，占比1.8%

其他1504家，占比98.2%

图 2-12　农业产业化国家重点龙头企业宁夏占比

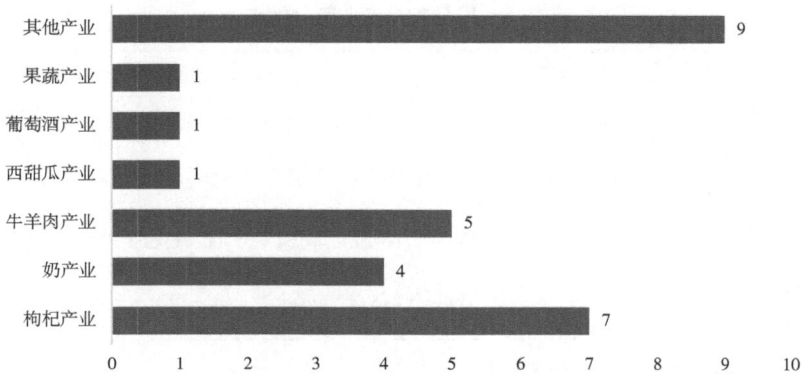

图 2-13　宁夏 28 家农业产业化国家重点龙头企业分布情况

（一）规模化、规范化生产水平低

尽管一直以来，政策支持的力度更多放在种养业规模发展上，但受市场和地域的影响，产业发展依然呈现出规模有限、产业集中度不高，生产技术和生产过程管理相对落后。

在枸杞产业上，由于农业劳动力紧缺，人工和机械费用、农资价格不断上涨，枸杞种植成本逐年增高。枸杞种植比较效益下降。受地域空间限制，宁夏枸杞种植基地规模化发展受到严重制约。中宁枸杞面积比重从 27.8% 下降到 27%，产量比重从 33.9% 下降到 28.7%（见表 2-5、表 2-6）。2020 年，银川平原产业带面积和产量减少较多。宁夏在全国枸杞种植中比重下降明显，而中宁县枸杞种植在宁夏的比重也有所下降。尽管宁夏枸杞质量标准体系建设基本健全，但技术推广效果不显著，监管不到位，存在不同区域种植的枸杞品质不同，只追求产量不重视品质；在枸杞种植过程中农户随意使用化肥、农药，不按照标准生产，企业技术标准、管理标准不完善；企业科技研发能力弱，缺乏核心技术，成果转化率不高等问题。

表 2-5  宁夏枸杞产业带分区统计

| 年份 区域 | 面积（亩） | | | | | 产量（吨） | | | | |
|---|---|---|---|---|---|---|---|---|---|---|
| | 2016 | 2017 | 2018 | 2019 | 2020 | 2016 | 2017 | 2018 | 2019 | 2020 |
| 一核（中宁县） | 123460 | 123794 | 125385 | 119790 | 124125 | 27685 | 27977 | 27335 | 26756 | 28132 |
| 清水河流域产业带 | 271424 | 270479 | 294855 | 298770 | 290190 | 46164 | 55700 | 60662 | 65950 | 65341 |
| 银川平原产业带 | 49151 | 51560 | 56355 | 60885 | 46215 | 7943 | 8255 | 9702 | 9283 | 4486 |

资料来源：宁夏回族自治区统计局

表 2-6  全国枸杞主产区干果产量统计  单位：万吨

| 年份 | 全国 | 宁夏 | 青海 | 甘肃 | 新疆 | 内蒙古 | 河北 |
|---|---|---|---|---|---|---|---|
| 2007 | 12.00 | 5.71 | 0.228 | 0.20 | 0.81 | 1.77 | 0.98 |
| 2012 | 20.49 | 8.77 | 1.97 | 3.02 | 2.88 | 1.53 | 1.22 |
| 2015 | 29.32 | 7.79 | 9.36 | 5.04 | 4.07 | 1.35 | 1.21 |
| 2017 | 41.06 | 10.85 | 9.50 | 10.58 | 6.66 | 1.52 | 1.44 |
| 2020 | 44.12 | 9.80 | 9.21 | 13.69 | 2.40 | 0.70 | 1.50 |

资料来源：历年《中国林业产业与林产品年鉴》等

在葡萄酒产业上，对标全球知名产区的发展历程，贺兰山东麓葡萄酒产区已具备生产世界级优质葡萄酒、引领中国葡萄酒产业高质量发展的基础条件。但产区整体发展时间短，历史文化积淀少，标准制度体系还不健全，葡萄酒文化教育普及程度低，消费观念、生活方式尚未形成等"软实力"不强的短板，受用水和土地等资源约束，土地尚未得到高效利用。产区规划范围内有近百万亩土地权属复杂，部分产区基础设施不完备，开发成本高，个别酒庄（企业）圈而不建，造成葡萄酒产业核心区至今没有形成整体连片的葡萄种植格局，同时，现有"块状供地"模式难以满足酒庄旅游、餐饮、住宿、停车场建设、拓展相关活动等多元化服务功能的需要，限制了土地高效利用。据测算葡萄种植采用滴灌设施，每年葡萄地需要水量 260 ㎥/666.67 ㎡，若 6.67 万公顷葡萄地每年则需 2.6 亿立方水，未来规划发展区域内水资源不足是主要问题。用水供需不匹配，尚未建立用水指标分配保障机制。同时，现有的酿酒葡萄种植基地的平均产量不足 300 公斤/666.67 ㎡，是法国波尔多地区亩产量的三分之一左右，加上埋土出土等机械化程度不高等原因，造成单瓶葡萄酒生产成本过高。

草畜产业上，宁夏大规模专业化养殖企业相对较少，缺乏较为明确的育种目标和标准化养殖。肉牛养殖仍然以农户小规模分散养殖为主，组织化程度低，存在有什么养什么的随意性，以及别人养什么跟着养什么的自由性，致使出现外来品种使用混乱、血统混杂等一系列问题，缺乏具有地域标识元素、自主知识产权的当家肉牛品种，先进实用技术推广难度大，综合生产能力和养殖效益不高。还存在优质饲草资源短缺问题。截至 2019 年底，宁夏人工饲草种植总面积 53.8 万公顷，其中，青贮玉米 9.1 万公顷，饲用燕麦、饲用高粱、黑麦草等一年生禾草种植面积 7.6 万公顷；苜蓿留床面积 37.1 万公顷，但高产优质苜蓿面积仅 3.5 万公顷。全区饲草总产量达到 1053 万吨，以青贮玉米、作物秸秆和苜蓿为主。青贮玉米产量达 542 万吨，苜蓿产量 102 万吨，秸秆 230 万吨，一年生禾草 57 万吨，非常规饲草 122 万吨。从总量看基本满足宁夏草食家畜饲草需求，但结构性短缺问题突出，尤其是优质饲草苜蓿、燕麦草缺口分别达 26.27 万吨和 12.8 万吨。2021 年全区饲草总面积达到 31.93 万公顷，饲草产量 928 万吨，其中，种植青贮玉米 16.93 万公顷，全株玉米青贮产量 821 万吨，苜蓿留床面积 10 万公顷，优质苜蓿产量 92 万吨，一年生牧草种植面积 5 万公顷，产量 15 万吨。随着养殖规模的不断扩大，饲草种植面积相对滞后，饲草缺口仍较大，尤其是优质饲草供应紧张。

宁夏冷凉蔬菜产业生产集群化程度相对较低，"一乡一品、一县一业、多县一业"发展不足，同一地区种植产品多，同一产品种植品种多，同一品种种植规模小，缺乏特色鲜明的规模化、集约化生产优势，难以实现规模效益。以番茄为例，全区种植品种多达 50 多个，种植规模普遍不大，主导品种不突出，市场竞争力不足，难以实现规模效益和优质优价。2021 年自治区蔬菜用水量 9.08 亿 $m^3$，占农业取水总量的 15.5%，随着蔬菜种植规模扩大和黄河分配宁夏用水量逐年降低，水资源供需矛盾日益加剧。全区农村人口不断向城镇转移，冷凉蔬菜生产主力军以老人和妇女为主，平均年龄在 55 岁以上，接受新事物、新技术能力弱，90% 以上乡镇缺乏专业技术人员，劳动力年龄老化、技能不高的结构性矛盾更加突出。

（二）标准体系欠缺

目前，标准制度体系还需健全。宁夏葡萄酒地方标准 6 项，团体标准 5 项，占全国葡萄酒现行标准数量的 8.53%，仅涉及检验检疫和生产两个环节，在育苗育种、病虫害防治、采收、储运保鲜、流通销售等环节无相关标准。由于贺兰山东麓产区酿酒葡萄原料差异性、工艺的差异性及不稳定性、产品特殊性和质量的参差不齐性等，只参照国家标准，无相应的地方标准，其合理性和实用性会十分欠妥，给贺兰山东麓产区葡萄酒生产与销售带来不利影响。各酒庄就是在生产环节上执行各种技术标准方面也参差不齐，执行不到位。

草畜产业方面，肉牛、奶产业作为自治区重点产业，在宁夏地方标准制定方面还是空白，无一项地方标准。滩羊产业生产技术标准较肉牛、奶产业相对较多一些。现行宁夏地方标准有 17 项，全国标准共 67 项，占全国标准总数的 25.37%。其中地方标准中生产技术 14 项，检验检测 1 项，加工产品 1 项，地理标准产品 1 项，在精深加工、仓储、流通销售上还需进一步填补标准空白。

再如宁夏西甜瓜，我国针对西瓜制定的现行国家标准为 3 项，行业标准 5 项，地方标准 65 项，其中宁夏地方标准仅为 2 项；对甜瓜（蜜瓜）制定的现行有效国家标准共 58 项，包括国家标准 1 项，行业标准 3 项，地方标准 51 项，而宁夏甜瓜标准仍未实现零的突破，标准体系严重缺失。由此可见，宁夏西甜瓜标准化生产及体系建设同全国其他省市相比还存在很大差距，缺少从品种到技术、管理、服务、销售一体化的技术标准。

## 二、一二三产业发展不协调，二三产业发展滞后

近年来，宁夏优势特色产业飞速发展，已初步形成产业集群规模，但发展不协调不充分的问题仍然较突出。二三产业同一产相比发展还是相对滞后，突出表现在重产前、产中，轻产后，重规模轻加工，重生产资料投入轻销售队伍和市场建设。加工企业规模小、科技创新能力不高、市场开拓能力较弱。宁夏全区各类农产品加工企业 1539 家，其中规模以上农产品加工企业 462 家，年销售收入亿元以上企业仅有 44 家，占规模以上企业总数不到 10%，年销售收入 10 亿元以上企业只有 5 家，农产品加工转化率为 69%，其中二次以上深加工

不到20%，农产品加工业产值与农业产值的比重为 1.9∶1，低于全国 2.3∶1 的水平，低于发达国家 3.5∶1 的水平。绝大部分龙头企业从事简单的农产品包装、贮藏和初级加工，普遍存在着精深加工能力较弱、创新意识不强和技术水平不够先进的诸多问题。农产品生产、加工、流通的产业链短，产品同质化现象严重，低水平重复建设多，高附加值的深加工产品少，产业附加值较低，组织化程度不高，带动农民增收的能力弱。课题组调研发现，宁夏农产品加工企业大多普遍存在按部就班走老路，没有通过自主创新进行高层次产业布局，形成自己的品牌战略，产品结构单一、附加值低，产品竞争优势不够。现代产业转型升级亟须强化，产业发展短板亟须补强。

例如，近年来宁夏虽不断加大枸杞产业科技投入，扶持枸杞加工企业，枸杞深加工产品取得了一定成效，研发了十大类 60 多种枸杞深加工产品。但宁夏枸杞加工大多停留在干果、食品加工层面，主要以生产枸杞果酒、果糕、原浆、枸杞茶、枸杞蜜饯等初级产品出售为主，深加工转化率仅为 15%，枸杞产品的附加值仍然不高。企业加工工艺、设备及生产方式甚至产品包装款式等大都基本相同，产品科技含量不高，产品同质化现象严重，很容易复制，导致枸杞市场低价恶意竞争的原因之一。以枸杞汁为例，随着枸杞原浆系列产品的市场占有率不断提高，各企业纷纷推出枸杞液态产品，产品的质量不一，价格混乱，对龙头企业造成了一定冲击，甚至影响了行业规范发展。70% 以上的宁夏枸杞以干果形式出售，产品结构单一。枸杞功能性食品、养生保健品、中药类等衍生品等高端产品数量少，把枸杞再加工形成枸杞系列文化的产品并不多，只是对枸杞这一初级农产品加工出售的阶段，难以满足市场的多样化需求。

又如宁夏已经建成的近百家酒庄酒企，真正实现农工商、文旅康全产业链融合发展的不足 5 家，产业链、供应链、价值链、利益链不健全，葡萄酒旅游、文创、大数据、物联网、金融保险、康养等衍生产业关联度不高，全产业链、全域旅游尚未形成。多数酒庄酒企仅满足于"为酿酒而酿酒"，国外酿酒葡萄却基本上是"吃干榨净"，渣、皮、籽开发利用程度很高，其衍生品葡萄籽油、面膜等相关衍生产品的产值甚至超过了葡萄酒产业本身，而宁夏酿酒葡萄的渣、皮、籽、藤大多都未充分利用，开发利用率很低。在农产品流通方面，市场需求量稳步扩大，但销售能力与大市场的需求能力不匹配，尚未建成完整有效的市场流通体系，制约了优势特色农产品的发展。如宁夏现具有 20 万吨葡萄酒年生产能力，加工能力却为 10 万吨，年销售能力仅为 3 万吨。产销不衔接、销售渠道不畅通、销售人才队伍薄弱是导致宁夏优质葡萄酒不能利益最大化，不能完全走出宁夏，面向全国乃至全世界的重要原因之一。另外，宁夏本地缺少与葡萄酒相关的产业，如辅料（酒瓶、瓶塞、酒罐、橡木桶）、机械设备、印刷包装、废弃物资源化利用等。宁夏葡萄酒产业在面临进口葡萄酒的冲击压力下，如何通过技术创新，生产、推广具有产区风土优质、高性价比的葡萄酒产品，引进产业链延伸副产品精深加工技术和附属品衍生加工企业，从而建立产区自信、风土自信和民族情怀，深入挖掘葡萄酒文化，培育葡萄酒产业集群和全产业链竞争力，提高市场占有率，这是宁夏贺兰山东麓葡萄酒面对的新挑战。

再如，牛奶产业，本地奶企规模较小，未形成全国产业化的龙头企业，缺乏深加工能力，大多为国内龙头企业如伊利、蒙牛提供原料奶源，利润较低。本地奶企加工乳制品中液态奶占 89.59%，酸奶、乳饮料占 6.79%，婴幼儿配方奶粉、奶酪、稀奶油等精深加工干乳制品不足 4%，品种单一、附加值不高，宁夏牛奶的品质优势没有真正转化为经济优势。

肉牛、滩羊和蔬菜的精深加工产品占比低，绿色食品牛肉产量占全国牛肉总产量不足 10%，精深加工工艺研究和产品开发能力较弱。据调查，2021 年全区出栏肉牛约 70% 以活体方式外销，现有加工企业 60% 为中小企业，设施设备简陋、加工工艺落后，产品以胴体和初级加工为主，品种单一、附加值不高；市场附加值高的精深加工产品占比仅有 5%，预制产品、熟食品、功能性产品等高品质产品种类少、市场开发不足。

冷凉蔬菜产业全产业链不健全，经营主体带动作用不强，信息服务滞后，宁夏蔬菜加工企业仅有 24 个，蔬菜加工企业不但少，而且产品种类少，加工率不足 5%，加工档次低，产业链条短，加工产值仅占农产品加工总产值的 2.1%；转化增值能力更弱，分级包装率不足 20%，产品附加值低；流通环节多，运输成本高，流通成本占总成本的 20% 左右；全区规模以上园区田间市场、预冷、分拣包装、冷链储藏等基础设施配套不足 10%；技术装备落后，人才不足，缺乏科技含量高、附加值高的产品。产业往往规模上去了，但是加工企业少，精深加工产品少，产业链短，导致农产品出现滞销，伤农的现象。

### 三、品牌培育不足，品牌叠加效益有待提升

近年来，宁夏在品牌创建上做了大量的工作，获批了一批国家农产品区域公用品牌和农产品地理标志登记证书，使得农产品知名度不断提升；引导各企业开展了大量的品牌建设活动，创建了"夏进""西夏王""塞北雪""盐池滩羊"等一批知名品牌。目前，宁夏有中国名牌农产品4个、中国驰名商标的农产品有19个，跻身自治区著名商标的农产品109个，但还缺乏在国内外市场上叫得响、具有较高美誉度和一定占有率的知名品牌。从总体上看，现有的农产品品牌培育主要存在以下几方面的问题：一是品牌建设相对滞后。品牌管理不到位，管理主体缺位，缺乏整体的统一的品牌长远管理规划，使得宁夏优势特色农产品品牌影响力弱，知名品牌很少。如枸杞的品牌"宁夏枸杞""中宁枸杞"是作为产业品牌而非企业品牌的公共属性，商标的使用并没有严格规定，到底是"宁夏枸杞""中宁枸杞"还是"宁夏中宁枸杞"梳理不清楚。宁夏枸杞种植面积不大，品种和种植技术基本一致，自治区内各地生产和出售的枸杞对外要么打着"宁夏枸杞"牌子，要么打"中宁枸杞"牌子，相互竞争，相互挤压，没有形成整体合力，导致内部出现恶性竞争；宁夏是特仑苏、金典、安慕希、纯甄等高端乳制品的主要原料基地，但区域公用品牌缺失，一定程度上影响了宁夏牛奶品牌的竞争力；全国已发布肉牛地理标志品牌62个、名特优新农产品44个，我区仅各有2个，而"宁夏六盘山牛肉"区域公用品牌还未正式发布，"泾源黄牛肉""固原黄牛"2个区域公用品牌知名度不高，"夏华肥牛""泾河源"等企业品牌仅在一定

区域内具有影响力，品牌竞争力不强。二是没有充分发挥品牌优势。产区品牌策划不到位，营销网络不完善。很多企业只着眼于宁夏，并未建立除宁夏以外其他地区比较完善的销售渠道，枸杞的特点、功效等宣传较少，导致枸杞产品无法在全国范围内开辟一个相对稳定的市场，企业自身品牌战略也没有做大、做强。反观周边，青海省已借助 2 个国家级现代农业产业园，发挥园区聚集效应，充分利用青藏高原的自然优势，主打"柴达木"有机枸杞品牌，在短时间内迅速取得国内外一定市场份额，打破了宁夏枸杞"一统天下"的局面。又如葡萄酒产业，产区及酒庄（企业）营销渠道相对单一，多种营销模式运用不充分，"葡萄酒＋互联网"的文章做得不够，在打造品牌、创建文化上认识不到位、投入明显不足；酒庄品牌和产品品牌的宣传推介缺乏力度，调查发现，近 80% 的酒庄缺乏品牌宣传人员和手段，也没有品牌培育计划与方案；产区在研究新的宣传产品、宣传载体、宣传方式、宣传手段等在适应市场方面有明显不足，缺乏主体鲜明的广告语，宣传投入也不足。贺兰山东麓是国际国内公认的葡萄酒"明星产区"，"贺兰山东麓葡萄酒"是国家认证的区域公用品牌，贺兰山东麓产区葡萄酒在国内外各类葡萄酒质量评比大赛中摘金揽银，但无论是单一品牌还是产区整体宣传培育都没有持续开展，在全国缺乏知名度，仅仅停留在地方品牌的水平上，市场份额较低。虽然"明星产区""国际金奖酒"在葡萄酒业界形成轰动，但普通消费者并不了解贺兰山东麓产区发展，没有达到广而告之、家喻户晓的效果。宁夏本地城市没有相对集中的葡萄酒售卖场、酒吧街、品鉴活动场所，连锁商超中宁夏葡萄酒的品种销售也非常有限，区外更难见到宁夏葡萄酒的身影，也没有在市场上形成能代表产区的广告用语和产品品牌。三是品牌保护难度大。重申请，轻保护。地理标志保护的范围、申请、管理、监督等体系建设还不健全，各个环节需要更加系统有效的制度体系和机制管理。随着一些品牌的知名度不断提高，品牌溢价效益不断增强，有的不法商贩以次充好，有的在没有授权的情况下盗用品牌销售，如"宁夏枸杞"品牌使用准入门槛低，在中宁由于外地枸杞的大量涌入，市面上出现的宁夏枸杞存在以次充好和以假乱真的产品质量不规范现象，同时也有部分不良竞争者将宁夏中宁枸杞与外地劣质枸杞混合装袋或是直接用标有中宁商标包装进行以假销售的现象，给中宁枸杞品牌的保护带来不小的难度，使得建立好的品牌信誉受到不小影响。同样，盐池滩羊也存在这样的问题，用外地羊肉代替盐池滩羊进行销售，或盗用盐池滩羊品牌销售非盐池滩羊，破坏了优质滩羊肉产品市场和品牌声誉，影响了滩羊肉优质优价的话语权。四是品牌培养能力不够。虽有一些宁夏全域闻名的优质特色农产品品牌，但针对国内外大市场，缺少像"蒙牛""伊利""张裕"等能够在大市场上具有影响力的品牌产品，品牌培育能力亟待提高，依靠品牌农产品打开国内外大市场的力度不够。如蔬菜产业，全国蔬菜农产品地理标志品牌共有498个，宁夏仅有17个，占3.4%；全区瓜菜品牌较多，但认证的品牌少，叫得响、影响大、知名度高的品牌更少，除"宁夏菜心""盐池黄花菜"等特色品牌市场认知度较高外，其他瓜菜品牌在全国影响力均较低。

## 四、农业社会化服务体系尚不健全

构建新型农业社会化服务体系，是全面深化农村改革，转变农业发展方式，提高农业综合效益，促进农民持续增收，推进农业现代化发展的需要。截至 2019 年，宁夏指导各地建设农资引领型、农业技术引领型、农业机械化引领型、加工流通引领型和融合发展引领型的农业技术社会化综合服务站 160 家，服务面积 20 万公顷。但通过调研发现，宁夏农业社会化服务还存在着新型服务不能适应农业生产发展需求、政策不到位、资金投入不足、基础设施薄弱、专业技术人才短缺等问题。以葡萄酒产业为例，缺乏葡萄酒销售网络、金融服务中心、全产业链超市、注册酿酒师、大数据中心、分析检测中心、农机农艺服务中心、灌装中心、葡萄酒灾害防控体系及苗木繁育中心等。在畜牧业上，随着养殖规模持续增加，技术支撑、疫病防控等服务能力亟需提升。养殖业涉及农户范围广、数量大，全区县乡两级技术推广服务和防疫技术人员仅有 2183 人，服务机制不完善、服务覆盖面小，服务能力、服务质量不能满足产业快速发展需求。新技术、新设备、新工艺推广应用比例不高，精准化、精细化、信息化等综合配套技术推广应用滞后。疫病防控面临诸多突出问题，重大动物疫病防控压力大。总体看全区特色农产品社会化服务体系还未完全建立，尚不能充分支撑产业高质量发展。实现特色农产品一二三全产业链的高效融合，不能单靠生产或加工企业自身延长产业链条，还需要农业社会化服务体系在一二三产业中"穿针引线"，发挥各自生产经营主体的专业优势，以获取最大效益。

**五、质量监管有待加强**

优质农产品需要从土地到餐桌，从产前、产中、产后（生产、加工、管理、贮运、包装、销售）全过程进行监管，监管难度大，质量安全仍存在风险隐患。主要表现在绿色农产品质量安全监管缺乏专岗和人员、检验检测体系运转不畅、绿色农产品证后监管难。例如，虽然宁夏各类食品药品检测机构已达到34家，仅农产品的检测机构就多达31家，但枸杞质量检验检测依然存在检测队伍散而小，质量检验检测体系不健全，检测耗时长、费用高、安全风险监测与预警能力滞后，检验检测覆盖率低、执法偏软等较突出问题。虽然宁夏的绿色、有机、地理标志农产品均已纳入全国农产品质量追溯管理系统，但多个部门均有追溯系统，大数据信息良莠不齐，系统未进行有效整合利用，一旦发生安全问题，难以追责。

综上所述，宁夏优质农产品产业发展还面临诸多严峻挑战，要着力用现代科学技术提升农业，着力提高农业生产经营集约化、专业化、组织化、社会化程度，加快推进布局区域化、经营规模化、生产标准化、发展产业化，调优种养结构、调大经营规模、调强加工能力、调长产业链条，努力实现从卖原料向卖产品、小产业向全链条、创品牌向创标准转变，提高品牌美誉度和市场占有率。同时，要依法维护市场信誉、扩大地理品牌影响力，依法打击以次充好、以假乱真，维护企业权益、提升品牌信誉。瞄准市场需求，真正把发展现代农业的特色挖掘出来、优势发挥出来，进一步加大特色农产品的整合力度，推动农产品品牌创建与市场开拓，以质量创品牌，以品牌拓市场，宁夏优质农业就一定能够做大做强。

## 第三节　宁夏特色产业面临的机遇

"十四五"时期是开启全面建设社会主义现代化国家新征程、向第二个百年奋斗目标进军的第一个五年，是实现巩固拓展脱贫攻坚成果同乡村振兴有效衔接、加快农业农村现代化的关键时期。也是宁夏努力建设黄河流域生态保护和高质量发展先行区，实施科技强区行动，继续建设经济繁荣民族团结环境优美人民富裕的美丽新宁夏的关键五年，宁夏优质农产品正处于前所未有的发展机遇期。

### 一、从国内形势看

随着我国经济由高速增长阶段转向高质量发展阶段，居民消费结构加快升级，中高端、多元化、个性化消费需求将快速增长，加快推进农业由增产导向转向提质导向是必然要求。习近平总书记强调，人民对美好生活的向往，就是我们的奋斗目标，明确要求要把增加优质绿色农产品供给放在突出位置。新阶段推进农业高质量发展、提升质量效益竞争力必须要在品种培优、品质提升、品牌打造和标准化生产上下功夫。中共中央、国务院印发《"健康中国2030"规划纲要》中明确提出了健康中国建设的总体战略，将大健康产业作为促进经济结构转型升级、推进供给侧结构性改革的着力点以及新的经济增长点。因此，坚持质量兴农、绿色兴农、品牌强农，把农产品质量安全与数量增长摆在同等重要的位置，统筹好数量、质量和效益的关系，满足人民群众生活水平不断提高的需求。随着实施"健康中国战略",增加优质农产品供给,大力发展标准化生产,打造地方知名农产品品牌,对标高品质生活需要,主动适应消费市场升级需求,以品质赢得消费者青睐、以品牌赢得市场份额,为推动优质农产品供给提供了重大战略任务和机遇。

## 二、从宁夏看

习近平总书记 2016 年、2020 年两次视察宁夏,对宁夏经济社会改革发展稳定作出了一系列重要指示,赋予宁夏"建设黄河流域生态保护和高质量发展先行区"时代重任,给予了宁夏发展难得的历史机遇。对宁夏农业的发展,习近平总书记明确提出,要加快建立现代农业产业体系、生产体系、经营体系,让宁夏更多特色农产品走向市场。总书记的谆谆嘱托,为宁夏农业产业转型升级和高质量发展指明了方向、注入了动力,赋予了使命、寄予了厚望,带来了积极而深远的影响和重大历史机遇。国务院批复了《关于支持宁夏建设黄河流域生态保护和高质量发展先行区实施方案》,农业农村部等八部委批复了《关于同意宁夏回族自治区建设国家农业绿色发展先行区的函》,自治区党委和政府高度重视,先后出台了《自治区党委人民政府关于全面推进乡村振兴加快农业农村现代化的实施意见》(宁党发〔2021〕1 号)、《自治区党委办公厅人民政府办公厅关于印发自治区九大重点产业高质量发展实施方案的通知》(宁党办〔2020〕88 号)、《关于创新财政支农方式加快发展农业优势特色产业的意见》、《宁夏回族自治区支持九大重点产业加快发展若干财政措施(暂行)》等一系列政策性文件，2022 年宁夏第十三次党代会提出，要立足自身优势特色，对接国际国内市场，稳定扩展产业链、供应链、价值链，着力打造葡萄酒、枸杞、牛奶、肉牛、滩羊、冷凉蔬菜"六特"产业，优化产业结构和布局，构建现代农业产业体系、生产体系、经营体系，打造世界葡萄酒之都，把"枸杞之乡""滩羊之乡""高端奶之乡"的品牌擦得更靓，建设全国重要的绿色食品生产基地，让宁夏更多的农产品走向市场，推动产业向高端化、绿色化、智能化、融合化方向发展。并建立了省级领导同志包抓工作机制强力推进，为立足宁夏资源优势、产区优势、品质优势，全力推进宁夏优质特色产业高质量发展提供了难得的机遇。

## 三、从产业基础看

经过多年的发展，葡萄酒、枸杞、肉牛和滩羊、奶业、瓜菜等优势特色产业无论是规模，配套基础设施还是品牌建设上都取得了较大发展，为发挥得天独厚的资源优势，生产优质的农产品打下了坚实的基础。因此，持续调整优化农业产业结构，培育一批质量上乘、科技含量高、市场容量大的特色农产品品牌，促进高效种养业提质增效，推进特色农产品更"优质"、更"绿色"、更"牛劲"、更"红火"、更"羊气"，产业有资源、有条件、有基础为推动宁夏优质农产品的发展提供了新机遇。

## 四、从市场看

2022 年国家出台了《关于加快建设全国统一大市场的意见》为

加快构建以国内大循环为主体、国内国际双循环相互促进的新发展格局注入了活力。随着我国经济快速发展，2019 年我国人均 GDP 超过 1 万美元，居民的消费购买能力显著增强，人民群众对"吃得饱"向"吃得好、吃得安全"的期待日益强烈，消费观念也已经从过去的"有没有"向现在的"好不好"转变，广大消费者更多地考虑农产品是否安全、是否有益于健康。市场对农产品的品质、品牌、定位的要求越来越高，需求越来越趋向多样化、专用化、高端化。同时，消费者对宁夏优质农产品的认知度也越来越高，中国庞大的消费群体，必将为推动宁夏优质农产品发展提供新的机遇。

如宁夏枸杞作为国人熟知的药食同源佳品，随着人们对养生保健产品的需求不断增长，市场对优质枸杞干果、枸杞鲜果原浆、功能性饮品、特膳食品、养生保健品等越来越青睐。因此，抢抓大健康时代这一历史机遇，枸杞产业大有可为。从国际市场看，宁夏已成为国外进口枸杞的重要来源地，多年来枸杞及其制品出口量与出口额一直保持全国领先，产品远销欧美、东南亚等 50 多个国家和地区，年均出口枸杞 5000 余吨，出口额稳定在 6000 万美元左右。"中宁枸杞"在阿联酋、马德里等国家和地区成功注册了境外商标，为开拓境外市场创造了有利条件。随着枸杞营养保健功效得到国外消费者逐渐认可，国外市场对各类枸杞保健品和精深加工产品的需求不断扩大，尤其是对枸杞功效物质提取产品需求巨大，市场前景广阔。

据国际葡萄与葡萄酒组织（OIV）统计，2020 年全球葡萄酒消费量 234 亿公升，中国以 12.4 亿公升的消费量位列全球第六大市场，但中国人均葡萄酒消费量不足 2 升，远低于葡萄牙（49.8 升）、意大利

（43.6升）等国家。从 2016 年到 2020 年，中国的葡萄酒人均消费量从 1.34 升 / 年上升到 1.53 升 / 年，增长了 14.2%，成为全球葡萄酒消费增速最快的市场，但相比 3.2 升的全球人均消费量，中国仍远低于世界平均水平，有巨大的发展潜力。相较于世界其他国家，中国拥有更加广阔的市场、更加广大的容量。目前中国的 4 亿多中高收入群体和年轻一代正在成为葡萄酒消费的主要群体，是线上酒水消费的主要驱动力，呈现出多元化、个性化、求便捷、爱尝鲜的消费特征，他们的消费行为和消费习惯将引领未来葡萄酒消费与葡萄酒产业发展。特别是面对复杂多变的国际形势和新冠肺炎疫情常态化后，人们的消费更趋理性，葡萄酒消费观念发生深刻变化，国产葡萄酒越来越受到青睐。只要把握时代特征和年轻人的喜好，开展新产品研发和创意设计，走高端、中端、大众相结合的路线，实现产品、品牌优化升级，就能赢得未来市场。同时，2020 年"贺兰山东麓葡萄酒"列入中欧地理标志协定并进入首批保护名单，为贺兰山东麓葡萄酒进入欧盟市场、提升市场知名度提供了有力保障。

"好看、好吃、绿色、安全"的宁夏菜已成为粤港澳大湾区、长三角等地市民的首选菜，也成了全国高品质蔬菜的代表。目前，宁夏菜心占夏季香港菜心市场销量的 70%—80%，售价比其他产区高 30%以上；深圳海吉星市场的宁夏菜由 2015 年的 5% 上升到 2021 年的 12%，市场占有份额逐年扩大。宁夏与北京、上海、广州、深圳等地开展产销对接，建成运营蔬菜外销窗口 9 个，订单生产、共建基地、合作销售每年以 10% 的速度增长。2021 年，北京市外来蔬菜占比达到 91.66%，但西北地区（陕西、甘肃、宁夏）占比仅为 2.06%；粤港澳大湾区蔬菜消费量 1224 万吨，25 种大宗蔬菜 68% 来源于省外，市场空间巨大。上海本地蔬菜上市量逐年递减，2021 年较 2016 年减少15.87%，宁夏上海青、西兰花、番茄、辣椒等蔬菜深受上海消费者喜爱，2021 年宁夏番茄占据市场 1/3 份额，正日益成为上海夏季"冷凉"蔬菜供应的主力军。从银川海关公布的最新数据看，2022 年 1 月至 9 月，宁夏直接出口各类蔬菜 11.86 万吨，货值 1.02 亿元人民币，同比分别增长 87.27%、78.35%，宁夏蔬菜产业供应链"朋友圈"也由国内高端市场逐步走向国际市场，成为更多消费者的"菜篮子"。

## 第四节　国内外优质农产品发展趋势的启示

### 一、国内外优质农产品发展趋势与启示

（一）国外优质农产品发展趋势

优质农产品的高效率生产很大程度上取决于农业发展模式，发达国家率先实现了农业现代化，以现代机械替代手工劳作，用现代科学技术改造和发展农业，用现代经济管理科学经营和管理农业，大大提高了农业的专业化、集约化和市场化水平。当前，新一轮技术革命方兴未艾，基因编辑、人工智能、第五代移动通信技术（5G）、区块链等新技术正在融入并引领农业变革。纵观历史，农业现代化的过程是完善农业产业体系、基础设施体系、经营管理体系、质量保障体系和资源保护体系的过程，也是推进制度创新和技术创新，突破技术制约、化解自然风险、减轻资源压力和消除环境污染的过程。国外现代

农业发展有三种主要模式，即以美国为代表的规模化、机械化、高技术化模式，以以色列、日本等国为代表的资源节约和资本技术密集型模式，以及以荷兰为代表的生产集约加机械技术的复合型模式。

1. 规模型、机械化、高技术型的美国模式

美国是世界最大的农业国之一，也是当今世界农业现代化程度最高的国家之一。美国总人口 3 亿多，其中农业人口达 600 万，占总人口的 2.1%；美国耕地面积 1.98 亿公顷，占世界耕地总面积的 13.18%，是世界上耕地面积最大的国家。凭借其得天独厚的自然条件、合理的特色产业带规划布局、发达的农业科技和联系紧密的农业集群产业链，美国生产的优质粮食、牛羊肉、奶产品长期处于世界领先地位。先进的农业技术使得美国农业拥有极高的生产效率，虽然农业人口较少，但生产能力极其强，凭借技术优势和生产能力，美国成为世界粮食生产大国，同时也是第一大粮食出口国，美国粮食出口量占世界粮食贸易量的 1/10 以上，全球的玉米和大豆贸易，美国占了一半，全球小麦贸易美国占了将近 1/5。其发展历程可简要分为农业机械化时期（1860—1945 年）、农业现代化时期（1945—2000 年）和新时代经济时期（2000 年以来）。农业机械化时期的主要特征是土地制度改革促进了农业半机械化与农业基本机械化的实现，这一时期对优质农产品生产的主动性意识还未凸显，仍以产量产值作为衡量产业发展的标尺；农业现代化时期则表现为家庭农场成为美国农业社会经济结构主体，以农业机械化全面进步与农业科学化为代表的农业科技创新推动了优质农产品生产，优质农产品的相关生产条件也逐步完备；新时代经济时期表现为随着前述优势的持续稳固，美国农业经济

和优质农产品市场借由农业贸易全球化迅速扩张，购买优质农产品的意识深入人心。在大田农业的智慧化方面，美国多数农田借助农业物联网及大数据分析实现了农产品全生命周期和全生产流程的智能决策，农业生产更趋向工厂化、自动化，目前美国已有 20% 耕地及 80% 大农场实现大田生产全程数字化，并在《2030 年美国食品和农业科技发展战略》中将传感器、基因编辑、精准育种作为重点研究方向。

在美国畜牧业领域，主要呈现出以规模养殖为主的特点，百头以上规模养殖占据出栏量的较大份额。相应的肉牛、肉羊和奶牛都是生产性能良好的品种，具有抗病性强、饲料转化率高、肉质优良、产奶产量质量双高等优势。规模化养殖有效地促进了科技推广和经济效益的提升，同时为实现全面智能化的畜牧业奠定了基础。随着生产中投入品等使用量的持续上升，资源短缺、环境污染、经济效益低等问题也日益突出，集多项智能技术于一体的精准农业得以在美国蓬勃发展，以物联网、区块链技术为代表的一系列新技术带动农业产业化实现全新变革，有效地对畜牧业生产、农场管理和农业科研的高质量发展提供助力。目前美国大农场对物联网的采用率高达 80%，已成为全球农业物联网最发达的国家之一。据美国某农业信息公司的研究数据分析，2017 年在物联网技术的支持下美国谷物单产水平高达 7340 千克 / 公顷，是全球平均谷物单产水平的 1.9 倍。在今后一段时期，以智慧农业、精准农业为导向，运用最新的大数据、物联网、区块链技术改造传统农业，融入农产品的优质化生产全过程，助力引导优质农产品产业高质量发展。

2. 资源节约型的以色列模式

以色列农业是现代农业的重要代表。以色列 90% 的国土为丘陵和沙漠，以自然资源匮乏而著称，耕地资源和水资源极其短缺，但以色列在沙漠上创造了世界农业发展史上的奇迹，在实现了粮食产品自给自足的同时，实现了花卉、蔬菜、水果等农副产品的大量出口，果蔬出口占据欧洲市场超过 40% 的份额，花卉出口供应量仅次于荷兰，被誉为"欧洲的菜篮子"。以色列之所以能够成为一个农业强国，关键在于其能够结合本国农业发展环境，依靠农业科技，不断开拓创新，将生态效益、社会效益和经济效益相统一，走出了一条独具特色的农业发展之路。以色列建国初期，大量移民的涌入给食品供给带来了巨大压力，直接促使农业成为经济恢复和发展的支柱产业。为实现粮食和农副产品自给自足，以色列从 20 世纪 50 年代开始大规模垦荒、兴建定居点，农业进入大规模发展阶段，基本实现自给粮食并开始探索高科技农业之路。通过灌溉技术的革新，大幅提升了生产效率。70 年代后期，推行经济自由化，市场机制逐渐形成，农业生产结构转变，开始利用高科技和现代管理手段提高效益，优势农产品出口逐渐增加。80 年代，农业实现产业化，从以粮食生产为主，转向发展高品质的花卉、畜牧业、蔬菜、水果等出口创汇的农产品和技术，逐渐建成了以农业高科技为支撑的工厂化和现代化农业管理体系，生产效率亦大幅提高。政府的政策扶持也为农业生产扩容提质提供了有力保障，以色列通过农业补贴的形式对资源利用、农业保险、节水等方面倾向性支持，使得企业免除了后顾之忧，有更多精力和资金投入技术研发和产品品质提升。近年来，以色列运用科学技术不断延长农产品产业链，在育种领域，利用生物遗传基因和其他手段，培育出了更多品质优良、抗病抗虫、适宜当地自然条件的种子，并由此建立了先进的制种业，有力保障了本国需求的同时还每年向世界市场出售大量种子，据统计，欧洲温室西红柿的种子有40%来自以色列，我国也年均从以色列进口3—5吨西红柿种子。

3. 日本优质农产品生产模式

日本的农业规模显然无法同欧美相比，但通过精耕细作，先进的繁育体系不断提高作物质量和产量，使得"和牛""越光米""静冈网纹瓜"等优质农产品在全世界载誉极高，在高端市场牢牢站稳了脚步。以和牛为例，日本和牛是由外国的优秀牛种与本国牛进行杂交，最终繁育出的体格大、产肉量高，饲养周期短并且"霜降"明显的优质肉牛。20世纪50年代，确立了以黑毛和牛、褐毛和牛、短角和牛和、无角和牛为代表的四个和牛品种。强烈的大理石花纹是和牛肉的最典型特征，高肌内脂肪含量改善了质地、多汁性，从而改善了整体的适口性。得益于日本对和牛进行了品牌化和严格的分级体系和质量标准体系，全国统一的犊牛注册登记审查制度、牛肉胴体和贸易标准，有效地提高了犊牛生产效率、保证了和牛的稳定品质。同样，起源于日本新潟县区域被称为"米中贵族"的越光米，价格是普通大米的数十倍，其色泽透亮，颗粒饱满，口感香糯、柔软，具有黏性强、风味佳等优点。越光米的稻种对种植环境要求很高，使其本身就具备了绿色、有机的属性，在育种、种植、收割、加工、储存、销售等各个环节建立了完备的标准体系，为品牌质量保证创造了基础条件。此外，日本稻农、企业都具有极强的品牌保护意识，将"越光米"打造成为区域共有品牌，明确设定了准入门槛，不断提高品牌的信誉度、影响力和竞争力。品牌就是效益，统一的标准指导生产者种养出优质的农产品，紧密连接产业链的上中下游，通过专业分工、智慧化管理和品牌营销极大地提升了农产品商品率，不仅满足了用户对优质农产品的生理、心理需求，还形成良性循环，全面促进了产业各环节的发展，大大提升了全产业链效益。在智慧农业方面，日本于2015年启动了基于"智能机械+IT"的"下一代农林水产业创造技术"。

4. 荷兰优质农产品生产模式

荷兰农用土地面积249万公顷，人口1700万，人均耕地不足0.15公顷，却是仅次于美国的全球第二大农产品出口国，其畜牧业、设施农业、花卉园艺产业在全球极负盛名，以其名列前茅的农产品和食品出口贸易，成为全球举足轻重的农业发达国家。荷兰农业的特色具有高科技，高效率，高品质的特点。荷兰农业高科技的面貌，主要体现在玻璃温室农业、园艺花卉、生物防控技术、电子信息技术等方面。对于现代技术的应用非常普及，不仅体现在高度机械化、精准环境控制（包括自动补光、调控温度和湿度、通风、补充 $CO_2$ 等），也体现在生物技术、信息技术的全面应用。而且注重研发，管理专业，分工明确，荷兰企业对科研的重视程度非常高。荷兰最大的蔬菜种子公司瑞克斯旺每年把30%—35%的营收投入到科研中，远高于种子行业平均15%的水平。管理科学严谨，注重细节，无论是生产中管理，还是产后筛选，荷兰人的严格承兑超乎想象。如骑士、瑞克斯旺等公司都有自己的检测中心，不仅检测本国生产产品质量，也对世界各地分公司产品进行检测，合格后方可投入市场。理念先进，注重可持续性，采用高投入、高产出经营模式，高投入换来的农产品产量高、品质好。另外，产业政策完备，市场经营规范有序。温室企业生产的产品均标有生产厂家、注册商标和产品品牌，消费者通过产品品牌从市场上购买自己满意产品。除了一流的农业技术装备水平、经营管理水平、质量效益水平外，独具特色的"家庭农场＋合作社"的生产经营模式，使得优质农产品的生产效率显著提升。通过专业化生产、多品种经营有效降低了生产成本，提高了产品质量，并形成规模效益和循环农业发展模式，协同推进农业环境保护与农业竞争力提升。荷兰农业合作社在全产业链发展中实行企业化运营，农民除了享受以往的技术服务、生产资料供给、农产品销售、利润返还、仓储、加工、包装等产业环节的收益外，企业化带来的快速决策效率、资源聚集能力和专业经营管理团队还有效保障了农产品的品质优良，维持了稳固的产业竞争力和发展水平。这种通过利益联结、技术创新、人员培训等方式将原本松散的合作社、协会紧密结合起来，通过技术共享迅速提升全产业链各环节主体融合度，实现了优质农产品产业化，如花卉、蔬菜的"工业化"生产，由过往仅出售生鲜农产品的盈利模式逐步转变为工厂化生产模式、育种扩繁技术转让、技术培训和咨询服务等以科技知识产权为主的新型盈利模式。

（二）国外优质农产品生产的启示

虽然各国自然条件和经济条件不同，农业发展方式也各有特点，但是国外现代农业发展和优质农产品生产的成功经验对宁夏农业的发展有一定的借鉴意义。

## 1. 重视科技创新与新技术应用

农业现代化需要科技创新来实现，生产优质农产品需要科技创新来发展。以色列农业的科技贡献率在 90% 以上，居世界前列，科技创新与应用在以色列农业生产与发展中起着至关重要的作用。从国外这些发达国家农业现代化建设和优质农产品生产的趋势看，今后，要加强现代种业发展、现代农业装备研发、信息技术在农业中的应用，培育和推广多抗广适、适宜机械化生产、高产优质的新品种；优质农产品的生产要以智慧农业、精准农业为导向，运用最新的大数据、物联网、区块链技术改造传统农业，实现育种技术体系智能化及工程化，融入农产品的优质化生产全过程，全面提高农业生产效率，助力引导优质农产品产业高质量发展。

## 2. 重视优质农产品生产的规范化和标准化

无论是美国、以色列还是荷兰、日本，其农产品基本上都实现了标准化，而且都建立了比较完善的农业标准化支撑体系。他们在现代农业建设中，从一开始就非常重视标准化工作。从产前的生产资料供应，产中几乎每个环节的操作规程和技术服务，再到产后的农产品分级、加工、包装、储运等各个方面，都制定有非常明细的标准系列，并在生产过程中严格规范进行，有力地促进了这些国家现代农业的快速发展。在日本，凡是在市场上流通的农产品都是加工后符合一定标准水平的。所有的农产品在进入市场前，都要按一定的标准进行严格的筛选和分级，市场销售优质优价，如一只 LL 级的苹果价格可以购买到数量多达几十倍到上百倍的等外级苹果。更多场合下，等外品的农产品不能进入市场销售，一律作为加工用原料。农业的标准化生产己像工业生产一样的严密。

3. 重视品牌建设

分析发达国家的农产品品牌发展特色，就会发现，高质量保证、政府扶持、专业化生产经营和科技创新是农产品品牌发展的重要保障和动力。发达国家都视品牌为产品的"身份证"，闯市场的"通行证"。日本"一村一品"品牌建设的经验就是充分利用本地资源优势，因地制宜，推出面向市场挑选最能体现当地优势、最能占领消费市场、能创造最好的经济效益的产品。特色农产品强化高品质的品牌定位。当前我区"盐池滩羊""宁夏枸杞"等品牌已在国内具有一定知名度，还需加强品牌赋予的优质高端属性，可借鉴日本的优质农产品品牌发展模式，制修订枸杞、滩羊肉、肉牛、葡萄酒的严格分级标准，构建优质农产品产业的全产业链标准体系，促进优质优价的差分市场分化，实现品牌溢价效应，完善区域公共品牌制度，推动"互联网＋农产品品牌"发展，树立企业、养殖户的品牌保护意识，严厉打击以次充好、仿冒伪劣等现象，维护良好市场生态，进而全面推动宁夏优质农产品走向全国，迈向全球。农业企业应实施生态品牌培育工程，重点依托地理标志产品和特色产品，打造地方生态农业品牌，以品牌赢得市场，以市场引领消费。

4. 重视行业协会发展，推动合作社企业化

国外发达农业国家的成功经验表明，农业合作组织是农业发展产业化、规模化、专业化的载体，是农业现代化发展的推动力。通过利益联结、技术创新、人员培训等产业环节将原本松散的合作社、协会紧密结合起来，充分发挥行业协会对农户、家庭农场等生产主体的组

织、协同、整合作用，有效提升全产业链各环节主体融合度，促进共同进步，共同发展。因此，应积极探索适合农业和农村发展特点的农民合作组织形式，大力支持农业合作经济组织的发展。

5.打破产业界限，推进农村"三产"融合发展

实现农业现代化、生产优质农产品不能局限于农业，要大力发展农产品加工业和乡村第三产业，提升农产品加工率和加工水平，发展乡间旅游经济、创意农业、定制农业等，实现农村一二三产业融合协同发展，将农村、农业打造成多点创收、共生互进的产业融合体。同时，将实现规模经营从种植业转移出的劳动力，就地转移到农产品加工业、乡间旅游等服务业。

## 二、国内优质农产品发展趋势与启示

### （一）国内优质农产品发展趋势

当前，我国已全面建成小康社会，正向实现社会主义现代化迈进，社会主要矛盾已经转化为人民日益增长的美好生活需要和不平衡不充分的发展之间的矛盾，经济已由高速增长阶段转向高质量发展阶段。发展优质农业有利于提高农产品品质，改善居民的膳食质量，增进消费者的身心健康。随着世界各国经济发展和人均收入增加，居民生活水平得到大幅提高，人们对优质、安全、高端绿色农产品的需求愈加明显。在国际市场上，农产品市场竞争日趋激烈，美国、欧盟、日本等发达国家设置技术及绿色贸易壁垒，阻碍我国农产品进入，我国农产品出口贸易受到很大影响。相对国外发达国家而言，我国生产优质农产品压力较大，一是人口众多；二是人均土地面积少，农产品

生产销售受到国际国内市场的双重压力。要想提高国内农产品市场竞争力，并且保证 14 亿中国人的饭碗牢牢端在自己手上，从传统农业向现代农业转变是必然的发展趋势。传统农业将向信息化和智能化转型升级，通过互联网、云技术、传感系统、物联网、农业大数据等先进技术的应用，提升粗放低效的农业生产方式，逐步实现智慧农业、精准农业和高效农业。现阶段，我国农业正进入加速转型期，绿色优质农产品产销已由封闭的城市平衡体系基本过渡到开放的优势区域平衡体系。2021 年我国人均可支配收入 35128 元，人均消费支出 24100 元，人均 GDP1.2551 万美元，超过世界平均 1.21 万美元水平，进入中高收入国家行列。有研究表明，当恩格尔系数在 50% 以上时，消费者主要关心农产品的数量安全，当恩格尔系数在 40%—50% 之间，消费者将逐步产生质量安全需求，当恩格尔系数降至 40% 以下时，人们以追求质量安全为主。2020 年，国家统计局发布的我国国民经济和社会发展统计公报显示，全国居民恩格尔系数为 30.2%，其中城镇为 29.2%，农村为 32.7%。由此可见，我国社会已进入消费者要求更高品质、更安全、更优质的农产品阶段，人们对优质绿色农产品的需求已逐渐由单纯追求数量转向追求质量，不仅要求丰富的营养品质，还要求较高的加工品质、外观品质和安全品质。为适应市场变化，满足市场需求，各地都在积极探索农业高质量发展模式，涌现出一批先进典型。

1. 山东寿光优质蔬菜发展模式

寿光蔬菜着重以科技创新为动力发展优质蔬菜，目前已发展形成综合性蔬菜产业集群，并与美国加利福尼亚、荷兰兰辛格兰、西班牙阿尔梅利亚并称"世界四大蔬菜区域优势中心"。蔬菜产品畅销全国，并且远销日本、韩国、俄罗斯等国家和地区。2020 年统计显示：寿光市共有蔬菜大棚 17.3 万个，年产蔬菜 450 万吨。寿光市以质量兴农、绿色兴农、品牌强农为导向，以安全、绿色和科技农业发展为重点，不断推动蔬菜产业提质增效转型升级。发展之初，寿光采用技术开源的模式带动寿光蔬菜产业快速规模化发展，也因此成为全国蔬菜集散地，大棚蔬菜的种植技术扩散到全国，推进了整个中国蔬菜产业的发展。现在，寿光按照"做强两端、提升中间"的思路，前端重点做标准研发、种子研发和技术集成创新，后端重点培育特色蔬菜品牌、打通高端销售渠道，中间以合作社、家庭农场为主体构建新型组织体系，加快由传统生产基地向综合服务基地转型，抢占蔬菜全产业链"微笑曲线"的两端，全方位提升核心竞争力。未来，寿光将大力支持蔬菜种业基础研发，持续继续加大政府政策扶持力度。种业，是产业健康发展的根基，要立足产业优势，通过政策扶持、资源整合、平台搭建、主体培壮等系统举措，聚集起国内外优质种业研发资源，形成研发合力，迅速突破瓶颈，将更了解中国国情和市场需求，利用现有的生产成本低、销售价格低的优势，将育种繁育体系专业化、基地化、技术标准化。按照中国农业自身的条件与优势，契合现代资本市场的要求，尊重农业中的科技知识产权，从全产业链布局的角度重新塑造现代农业科技企业商业模式，打造中国农业竞争优势，从而探索出实现乡村振兴的新途径，让寿光蔬菜走在世界蔬菜产业前沿。

2. 福建福鼎白茶发展模式

福鼎白茶注重品牌建设，2022 年，福鼎白茶以 52.22 亿元的品牌价值荣居"2022 中国茶叶区域公用品牌价值十强"第五位，并居最具品牌带动力的三大品牌之首。福鼎白茶产业定位精准，在区域品牌建设中，充分抓住消费热点，大力推广其保健功效，效果突出。福鼎白茶定位清晰，福鼎市政府在白茶区域品牌建设中始终传播健康理念、保健理念。其区域品牌的发展质量以培育强势品牌为主要目标，培育代表性品牌、驰名商标及地理标志的商标数量，并能持续发展成为老字号，延续保持区域品牌高水平的发展。在区域品牌发展过程中，福福鼎市政府起着主导作用，注重顶层设计，并在政策、资金上大力扶持，推行标准化生产，规范化监管，强化宣传，并加强从业人员的培训。福鼎市龙头企业则是品牌建设的主力军，带动区域品牌发展集聚。近年来，福鼎茶产业发展迅速，茶业经济规模持续壮大，茶叶成为福鼎农民脱贫致富奔小康的重要产业。据相关数据显示，2021 年，福鼎全市茶园可采摘面积约 2.03 万公顷，实现茶叶总产量 3.4 万吨；茶产业综合总产值 137.26 亿元，增长 14.8%；茶企纳税达 1.29 亿元，增长 148%。茶产业提供就业岗位 10 万余个，有效带动 38 万名涉茶人员增收致富，全市茶农人均收入从 15 年前不足 1000 元增长到 2021 年 1.5 万元。在福鼎白茶的发展过程中，政府给予了大力支持，2017 年，福鼎市政府坚持"创新、协调、绿色、开放、共享"发展理念，发挥福鼎生态、资源、产业等基础优势，积极推动产业发展，出台了《关于进一步推动茶产业持续发展的意见》；2019 年，围绕"生态清新·福鼎白茶"绿色高质量发展新定位新目标，市委、市政府出台了《推进福鼎白茶产业绿色高质量发展百亿行动计划》。与此同时，十分重视科研，联合国内高校、科研机构开展科技攻关和技术研发，实现

"产学研"一体化，科技兴茶，推动白茶产业蓬勃发展，白茶研究成果屡屡见诸专著、专利、报纸杂志等。福鼎市还规划实施"区域公用品牌＋重点龙头企业品牌互动互促"双品牌融合战略，推进茶园基地化管理、企业标准化生产、市场品牌化经营、产品信息化溯源、产业规模化升级，加速茶业全产业链数字化进程。加快建设"中国白茶中心""中国白茶特色小镇茶叶交易中心"，建成闽东北最大的茶叶贸易市场。推进茶叶衍生品研发应用和茶叶精深加工，全力打造"福鼎白茶"特色品牌，加快打造"中国白茶高效生态生产示范区、中国白茶加工贸易引领区、全国智慧茶产业创新先行区、全国茶旅融合发展样板区"。

3.陕西眉县猕猴桃产业发展模式

陕西省眉县猕猴桃注重标准化建设，紧紧围绕"扩规模、提品质陕西省眉县猕猴桃注重标准化建设，紧紧围绕"扩规模、提品质、抓营销、创品牌"的思路，全力打造猕猴桃县域特色主导产业，眉县已成为全国最大的优质猕猴桃生产基地，是全国产业聚集度最高的区域，形成了一县一业的产业格局。2019年猕猴桃总产量49.5万吨，鲜果产值31亿元，综合产值52亿元。目前，形成了以大型龙头企业为引领，农民专业合作社为主体，标准化生产基地为基础，集生产、贮藏、加工、销售为一体的产业链。该县抓住质量这个核心，一张蓝图绘到底，用标准搭建起提质增效的"硬支撑"，使眉县猕猴桃在市场拥有了很强的话语权。2014年，原陕西省质监局颁布《陕西省猕猴桃标准综合体》地方标准，其中的主要标准规范即以眉县猕猴桃十大关键技术为原型制定；2019年，眉县全面实施改土壤、改品种、改树形、改模式，提升基础、提升技术、提升品质、提升品牌、提升效益的"四改五提升"工程。这是在眉县猕猴桃标准化生产"十大关键技术"基础上开展的又一次技术升级和标准创新。眉县猕猴桃产业发展取得的成效，是质量变革的实践成果。目前，眉县猕猴桃不仅有农产品地理标志认证、绿色猕猴桃认证，还通过了有机猕猴桃认证、良好农业操作规范认证。技术服务体系的"硬支撑"，为眉县猕猴桃产业质量提升提供了有力保障。眉县猕猴桃产业正按着"规模化、标准化、品牌化、国际化"的发展思路和方向，建设全球猕猴桃标准化引领区。

4. 河北隆化肉牛产业发展模式

隆化肉牛依靠政府各种有效政策的实施成为当地的优质农产品，截至 2020 年底，全县肉牛饲养量达到 48.3 万头、存栏 25.2 万头，养牛万头乡镇达到 17 个、千头养牛村 150 个，5 头以上养牛户 1.72 万户，饲养量达到千头以上规模牛场 26 个、百头以上规模牛场 520 个。2001 年县委出台《关于加快养牛产业发展的决定》以来，历届班子持续在资金、项目、政策等方面予以重点倾斜，通过抓基地、扶龙头、增投入、强服务，全县肉牛产业始终保持着良好的发展态势。全县通过实施"十乡万户母牛繁育、肉牛快速育肥、品质提升和龙头带动"四大工程，强力推进深山区能繁母牛繁育和浅山区肉牛育肥两个产业带建设，同时按照"加大能繁母牛存栏，加快育肥肉牛出栏"产业发展思路，进一步优化了产业布局。隆化县始终把"政策扶持、技术保障"作为产业发展的支撑，始终把"龙头带动、转型提效"作为发展核心，隆化县政府借助推行"政银企户保"合作贷款模式，为养牛产业提供充足资金支持，提供肉牛保险服务。未来，隆化县将更加突出"隆化肉牛"国际品牌和产业基础，全链条编制隆化肉牛产业发展规划，细化"龙头→基地→标准→供应"全产业链扶持政策，大力支持壹号食品、北戎、冀康等龙头企业开展精深加工，构建"养加销"一体化产业链条，打造百万头肉牛基地。

（二）国内优质农产品生产的启示

上述国内四大优质农产品产区发展的成功经验，为宁夏优质农产品生产提供了如下几方面的启示：

1. 要重视科技创新，铸造"硬核"品质

全面提高产业竞争力，推进特色产业高端化、绿色化、智能化、融合化发展，充分发挥科技创新的支撑作用，加快推动新旧动能转换。立足数字农业、智慧农业，全面推广水肥一体机、智能温控等新技术和区块链全程追溯系统，实施标准化生产，降低农药残留和污染，提高产品品质和质量安全。

2. 要强化标准体系建设

宁夏应突出自身优势，大力完善生产加工标准体系建设，提高产业加工清洁化水平；推动枸杞、葡萄酒、奶产业、肉牛和滩羊等重点产业做大量级、做强能级、做优品级，加快涉农五大产业发展，构建现代产业标准、绿色防控、检验检测、产品溯源"四大体系"，逐级建立质量安全责任机制。将进一步强化技术体系"硬支撑"作用，努力建成全国乃至全球产业标准引领区，推动经济高质量发展。

3. 强化社会化服务体系构建

宁夏可以借鉴隆化肉牛发展模式将"政银企户保"金融贷款模式

与扶贫资金整合，建立扶贫担保资金，消除农户的顾虑，提高贷款的使用效率，促进产业发展。同时，宁夏亟须完善的农产品市场流通体系。应按照统一规划、合理布局、规模适度、功能完善的原则，在重要的农产品生产基地和集散地，建立以农产品批发市场为中心，以产地市场为骨干，以集贸市场为支点，以市场中介组织和农民经纪人队伍为纽带，以大中城市直销直供市场为补充的农产品销售网络，形成开放、统一、竞争、有序的农产品市场体系。农产品质量是一个国家和地区农业竞争力的主要体现。宁夏农业必须从常规农业向优质农业转变，这是必然的发展趋势。

# 第三章　宁夏绿色、优质、安全 农产品产区的重要意义

　　自 20 世纪 90 年代以来，随着世界农业科技革命的迅速发展，我国农业生产方式逐步由传统粗放型向现代集约型转变，在加快推进农业现代化进程中，涌现出来了各种新型的农业发展模式，以作为现代集约型农业和高新技术示范的窗口，如农业科技园区，农业产业示范园、示范区和产业带等。目前，全国已建立了 60 个多国家级农业科技园区，宁夏有 3 个。这些农业示范窗口的建设取得了显著成效，得到了党中央、国务院的高度重视和充分肯定，受到了地方政府、科技界、农业界、企业界和广大农民的普遍赞许和欢迎。在新发展阶段，立足于宁夏的自然禀赋、资源优势和产品优势，以现代科技为支撑，按照现代农业产业化要求组织生产和经营，以构建科技创新型现代优质农产品生产，农业新技术研究、开发、引进、示范和转化为主体的宁夏优质农产品产区，具有十分广阔前景和重要意义。其主要目的就是要依靠科技进步与创新，促进科学技术与现代农业生产与开发的有

效结合，提高农业生产效率和效益，生产出更多、更好、更优质的农产品以满足市场需求，探索建设实现乡村振兴、农业高质量发展的农业现代化道路的新模式、新途径、新路子，进而加快推进宁夏农业现代化进程。这对于宁夏"十四五"时期培育和壮大特色高效优势产业，发展品牌农业，推进农业高质量发展，引领区域现代农业发展，缩小与中、东部地区现代农业发展的差距，都具有非常重要的意义。

## 第一节　宁夏建设绿色、优质、安全农产品产区的战略意义

### 一、建设绿色、优质、安全农产品产区，是贯彻落实习近平总书记视察宁夏重要讲话精神的具体体现

2020 年 6 月，习近平总书记视察宁夏时强调，要加快建立现代农业产业体系、生产体系、经营体系，让宁夏更多特色农产品走向市场。贯彻落实习近平总书记视察宁夏重要讲话精神，就要强产业、育品牌、抓示范，着眼于国内、国际两个市场，坚持以质取胜、品牌带动原则，既要瞄准现实市场需求，也要研究预期的市场需求，加快发展市场占有率高、国内国际市场前景广阔的优势特色农产品。国以民为本，民以食为天，食以安为先。农产品是人类食物的基本来源，是人类生存的基本保障。目前，我国农产品短缺问题已得到基本解决，数量上的供求矛盾基本缓解，但由于农业生产环境污染、农业投入品使用不当、农产品市场监管不力、农业生产者意识不到位等原因导致质量安全事件时有发生。根据《中国食品安全发展报告（2019）》，现

阶段我国食品安全面临 5 类风险挑战，分别是微生物污染（29.6%）、超范围 / 超限量使用食品添加剂（25.0%）、质量指标不符合标准（16.8%）、农兽药残留不符合标准（15.4%）和重金属污染（7.6%）。农产品质量安全直接关系人民群众的日常生活、身体健康和生命安全，关系社会的和谐稳定和民族发展，关系农业对外开放和农产品在国内外市场的竞争，全面加强农产品质量安全监管、提高农产品质量安全水平刻不容缓。党的十九届五中全会提出"十四五"时期要以推动高质量发展为主题，农业作为国民经济的基础，坚持农业高质量发展是构建新发展格局的重要举措。农产品质量安全是农业高质量发展的基础保障，是全面推进乡村振兴的重要支撑，是农业农村现代化的关键环节。要很好地适应高质量发展的要求，亟须补齐短板，质量靠优质，以优质求发展，让高质量发展更有底气、更具活力、更可持续助力乡村振兴。

**二、建设绿色、优质、安全农产品产区，是立足新发展阶段，贯彻新发展理念，主动融入新发展格局，实现农业高质量发展的必由之路**

立足新发展阶段，贯彻新发展理念，构建新发展格局，是以习近平同志为核心的党中央作出的重大战略决策。习近平总书记强调，在有条件的区域率先探索形成新发展格局。2022 年 4 月，国家发展改革委印发《支持宁夏建设黄河流域生态保护和高质量发展先行区实施方案》（以下简称《方案》），该《方案》指出，支持宁夏建设先行区，有利于通过政策先行先试为黄河流域其他地区积累可复制经验，以点带面助推黄河流域生态保护和高质量发展，有利于通过制度创新增强黄河流域生态绿色发展活力，书写绿水青山转化为金山银山的"黄河答卷"。宁夏作为西部小省必须主动担当作为，以高质量发展服务融入新发展格局。加快新旧动能转换，是贯彻新发展理念、构建新发展格局的应有之义。习近平总书记强调，中国如果不走创新驱动发展道路，新旧动能不能顺利转换，就不能真正强大起来。宁夏建设黄河流域生态保护和高质量发展先行区，是习近平总书记赋予我们的重大历史任务和使命。为宁夏融入和构建新发展格局带来了重大机遇。我们要坚决贯彻习近平总书记的重要指示要求，积极探索高质量发展的新路子，加快农业全产业链供应链优化升级，着力提升科技创新能力，推动低碳绿色转型，打造科技创新、高质量发展示范区，努力在科技创新上走在前列，在乡村振兴上走在前列，在生态保护和高质量发展上走在前列。

## 三、建设绿色、优质、安全农产品产区，是宁夏实现可持续发展的战略选择

宁夏国土面积 6.64 万平方公里，现有耕地 119.84 万公顷，人均 0.19 公顷，尚有宜农荒地近 66.67 万公顷，是全国 8 个宜农荒地超千万亩的省区之一；引黄灌溉 65.47 万公顷，是全国 12 个商品粮生产基地之一；有草场 244.33 万公顷，是全国十大牧区之一。"十三五"末，优势特色产业得到了快速发展，全区酿酒葡萄种植面积 3.27 万公顷，年产葡萄酒近 10 万吨，综合产值达到 261 亿元。枸杞种植面积 2.33 万公顷，年产干果 9.8 万吨，综合产值达到 210 亿元。奶牛

存栏 57.38 万头，比"十二五"末增长 51.4%，居全国第八位，生鲜乳人均占有量居全国第一位。肉牛、滩羊饲养量分别达到 192.6 万头和 1221 万只，比"十二五"末分别增长 43.75%、13.87%。农产品加工转化率达到 69%。全年饲草产量达到 1569 万吨。对标对表到 2035 年基本实现社会主义现代化远景目标，有以下所面临的问题：一是资源环境约束加剧，水资源趋紧，土地荒漠化、次生盐渍化、水土流失等问题突出，转变发展方式迫在眉睫；二是各类风险高发频发，农业自然风险、生物风险、市场风险叠加，维护产业安全难度增加；三是农业现代化水平不高，产业链条短，现代设施装备支撑不足，新型经营主体带动能力不强，农业提质增效要求迫切；四是农民增收任务艰巨，随着经济下行压力的增大、各项投资增长放缓，巩固拓展脱贫攻坚成果、持续推动农民增收面临更大压力。要在现有的条件下，迎接挑战，实现农业农村现代化，实现乡村振兴就必须进一步加大农业供给侧结构性改革，走资源永续利用、环境不断改善、生态良性循环的发展道路。建设宁夏优质农产品产区正是实现农业可持续发展的迫切需要，是宁夏创建国家农业绿色发展先行区的又一积极有益的大胆探索。

**四、建设绿色、优质、安全农产品产区，是提高宁夏农产品竞争力的必然选择**

宁夏特色农产品在国内市场上具有一定竞争优势。截至 2021 年底，培育特色优质农产品品牌 474 个，其中：绿色食品 306 个，有机农产品 41 个，农产品地理标志 60 个，名、特、优、新农产品 43 个，良好农业规范（GAP）认证产品 24 个。全区绿色食品加工企业达到 1331 家。农产品全年网上销售额达到 27.2 亿元。品牌的影响力不断扩大，创建了 7 个中国特色农产品优势区，"贺兰山东麓葡萄酒""中宁枸杞""盐池滩羊""宁夏大米"等 8 个区域公用品牌入选"中国百强区域公用品牌"。通过宁夏优质农产品产区建设，着力打造宁夏特色农产品产业基地，不仅可以彰显美丽新宁夏独具特色的魅力，而且可以从新的高度不断提高特色农产品品质，做大做强特色农产品品牌，将特色资源优势持续转化为市场竞争优势，提高宁夏农业的整体竞争力。

## 第二节　宁夏建设绿色、优质、安全农产品产区的现实意义

### 一、建设绿色、优质、安全农产品产区，是贯彻落实习近平总书记视察宁夏重要讲话的使命所在

习近平总书记两次视察宁夏，对宁夏农业发展的谆谆嘱托，为宁夏农业产业发展指明了方向、注入了动力，赋予了使命、寄予了厚望。宁夏发展农业条件可谓得天独厚，有不少历史悠久、享有盛名的"原字号""老字号""宁字号"农产品，是我国的"枸杞之乡""滩羊之乡""甘草之乡""硒砂瓜之乡""马铃薯之乡"。贺兰山东麓日照充足、灌溉便利，适合种植酿酒葡萄。实践证明，"特色"是宁夏打造质量优势的一张好牌。对宁夏来说，把产品做成产业，凸显优势特色，通过建设优质农产品产区，强化一二三产业融合发展，重点培

育一批质量上乘、科技含量高、市场容量大的特色农产品品牌，有资源、有条件、有基础，广阔天地、大有可为。唯有系统、全面、深入地规范产区建设、发挥优势，通过深入挖掘，不断提高供给质量和供给效益，才能让更多"养在深闺人未识"的特色农产品走出去，做大做优做强优势特色产业。

## 二、建设绿色、优质、安全农产品产区，是推动优势特色产业高质量发展，建设国家农业绿色发展先行区的有力抓手

宁夏第十三次党代会提出，坚持把发展质量问题摆在更为突出位置，把新发展理念贯穿发展全过程和各领域，实现更高质量、更有效率、更加公平、更可持续、更为安全的发展。要强化创新驱动战略引领作用，建设现代化产业体系，提质发展高效种养业。绿色是宁夏最大的优势、最大的财富、最大的品牌，这也是宁夏农业发展最鲜明的底色，发展绿色农产品优势产区将加快转变经济发展方式。绿色农业秉承绿色化、优质化、特色化、品牌化的现代发展理念，推行产地洁净化、生产标准化、投入品减量化、废弃物资源化、产业生态化的绿色生产模式，有利于延长产业链，提升价值链，拓展生态链，做优做强特色产业。当前，宁夏经济发展正处于由粗放型向集约节约型、短期型向持续型根本转变的关键时期，建设绿色、优质、安全农产品产区，可实现农业优势特色产业全产业链集约化、标准化、规范化、品牌化、一体化建设，推动一二三产业深度融合发展，努力实现绿色发展、聚集发展、优质发展、创新发展、高效发展、可持续发展，为建设国家农业绿色发展先行区奠定基础。

### 三、建设绿色、优质、安全农产品产区，有助于宁夏优质农产品竞争力的提升

一个国家或地区在国际上具有竞争力的关键是产业的竞争优势，而一个区域的经济发展不可能在所有产业部门占尽优势，优势的形成往往根植于特色，因此区域的核心竞争力往往表现在其他区域最难以模仿的地方特色产业集群上。从现代产业理论的新进展来看，由于产业集群具有提高企业生产效率、降低成本、促进专业化、促进竞争与创新以及带来外部经济性等竞争优势，使得产业集群对推动区域经济的发展有着不可估量的作用。由于宁夏面积小，企业规模也普遍偏小，产业结构层次低，缺乏竞争力，导致其市场势力弱、融资渠道少、人才贮备不足、信息资源欠缺。建设优质农产品产区，可以明确农业生产经营主体在种养殖、饲料投入、农药使用、农产品加工等过程中保证农产品质量安全的具体措施，以及追溯体系建设的规范和标准，捍卫人民群众舌尖上的安全。同时把大小不等的企业和各类机构连成一个有效的网络，形成产业集群的网络化优势，从而可以有效避免中小企业发展的先天不足。针对一些产业链比较长或迂回生产方式比较突出的产业，利用产区集群化发展可以迅速提升该产业的区域、国内或国际的竞争优势。

### 四、建设绿色、优质、安全农产品产区，有助于宁夏地方特色产业的可持续发展

一个产业能够实现可持续发展的重要条件在于这个产业是否能

够不断提供有效的需求与供给，是否能够持续地创新，是否能够通过共同进化机制，克服产业生命周期的限制，防止产业衰退。许多地方产业正是由于缺乏这些条件，导致产业发展动力不足，产业生命周期短，产业衰退快。这一点在宁夏显得更为突出。建设绿色、优质、安全农产品产区作为一种新的经济发展模式能够非常有效地解决这个发展中的困惑难题。通过建设酿酒葡萄及葡萄酒、枸杞、肉牛和滩羊等绿色、优质、安全农产品产区，可在相应产业中构建完整的产业价值链，产业中的各个层次的企业都参与到产品的增值中并获得相应的收益。绿色、优质、安全农产品产区建设有利于产业的持续创新，而创新带来的超额利润会吸引更多的企业不断学习和创新。研究表明，地区经济中的创新常常来自产业集群。绿色、优质、安全农产品产区有利于产业形成共同进化机制，克服产业衰退，实现产业转型维持产业的持续发展。

## 五、建设绿色、优质、安全农产品产区，有助于宁夏整合利用区域资源优势

建设绿色、优质、安全农产品产区便于企业快捷获取所需资源，促进企业迅速成长。优质农产品产区一旦形成就会有直接联系的物资、技术、人力资源和各种配套服务机构等吸引过来，尤其是吸引特定性产业资源。随着农产品加工，产业链的延伸，将吸引更多的相关产业甚至不同产业，扩大地区产业规模。可以极大地促进绿色、优质、安全农产品区域布局和延长农业产业链条，提高农产品的综合利用、转化增值水平，有利于提高农业综合效益和增加农民收入；通过

建设优质农产品基地及加工，以农业产业化经营为基本途径，吸纳农村富余劳动力就业，增加农民收入。

## 第三节　宁夏建设绿色、优质、安全农产品产区的示范意义

党中央高度重视宁夏发展，习近平总书记明确指示，宁夏要"努力建设黄河流域生态保护和高质量发展先行区"。宁夏党委政府出台了《自治区九大重点产业高质量发展实施方案》，重点围绕枸杞、葡萄酒、奶产业、肉牛和滩羊、绿色食品等九大产业，推动农业高质量发展。同时，要建设宁夏国家葡萄及葡萄酒产业开放发展综合试验区和国家农业绿色发展先行区。2022年宁夏第十三次党代会提出，要立足自身优势特色，对接国际国内市场，稳定扩展产业链、供应链、价值链，大力发展葡萄酒、枸杞、牛奶、肉牛、滩羊、冷凉蔬菜"六特"产业，优化产业结构和布局，构建现代农业产业体系、生产体系、经营体系，打造世界葡萄酒之都，把"枸杞之乡""滩羊之乡""高端奶之乡"的品牌擦得更靓，建设全国重要的绿色食品生产基地，让宁夏更多的农产品走向市场，推动产业向高端化、绿色化、智能化、融合化方向发展。因此，宁夏要充分利用好这些政策机遇，立足资源禀赋和产业基础最好、生产要素全、科技支撑力强、品牌优势突出的道地特色产区的优势，聚焦枸杞、葡萄酒、奶业、肉牛和滩羊、瓜菜等优质农产品生产，通过建设宁夏优质农产品产区，在高端化、规模化、标准化、品牌化、链条化方面开展示范创建工作，调优种养结构、调强加工能力、调长产业链条，统筹推进布局区域化、经

营规模化、生产标准化、发展产业化，着力促进产业化和品牌化深度融合，做大做强农业品牌，扩大市场占有份额，努力实现"卖原料"向"卖产品"、小产业向全链条、创品牌向创标准转变，加快推进农业高质量发展，为促进全产业链联动、乡村振兴、为其他产业发展提供可效仿和遵循的模式或样板具有重要的示范意义。为贯彻新发展理念，建设黄河流域现代农业高质量发展示范区，让宁夏优势特色农产品走向更大的市场起到示范带动辐射作用。

# 第四章　宁夏建设绿色、优质、安全农产品产区的前景分析

## 第一节　宁夏建设绿色、优质、安全农产品产区具备的优势

### 一、生产绿色优质安全农产品的自然资源禀赋优异

宁夏地处我国西北东部、黄河上中游，东经 104°17'—104°39'，北纬 35°14'—39°23'，平均海拔 1100 米，总面积 6.64 万平方公里，2022 年末全区常住人口 728 万人。宁夏属典型的大陆性气候，为温带半干旱区和半湿润地区，具有春暖快、夏热短、秋凉早、冬寒较长、日照充足、太阳辐射强、昼夜温差大、蒸发强烈等特点，空气优良天数 320 天以上。按照气候、地形地貌、自然环境和农业发展水平，分为北部引黄灌区、中部干旱带和南部山区三大区域。北部引黄灌区得黄河自流灌溉之利，土地肥沃，地势平坦，光热资源丰富，以盛产优质瓜果、水稻久负盛名，自古就有"塞上江南"的美誉，是中国西北

地区的四大粮仓之一；中部干旱带土地广袤，土质偏沙，草原辽阔，物产丰富，光照时间长，干旱少雨，太阳辐射强，昼夜温差大、绝少污染；南部山区气候冷凉至温和，雨热同步，水草丰美，物种多样，环境洁净，是发展生态农业的较佳区域。多样性的气候生态类型、丰富的生物资源和洁净无污染的环境，为宁夏发展优势特色农业，生产绿色优质农产品提供了得天独厚的自然条件。

（一）光热条件

宁夏日照充足，年日照时数在 2276.4—3041.7h（见表 4-1）。北部引黄灌区年均日照时数 2800—3100h，中部干旱带年均日照时数为 3054h，南部黄土丘陵区年均日照时数为 1400—1800h。一年之中，6月日照时数最多，2月份日照时数最少。农作物生长期（4—9月）各地日照时数在 1100—1700h 之间，北部引黄灌区和中部干旱带大部分地区都在 1500h 以上，为植物生长发育创造了非常有利的条件。宁夏各地年日照百分率的分布在 52%—76% 之间。宁夏日照百分率仅次于青藏高原的同纬度地区，优于我国其他部分地区。宁夏全区太阳总辐射年总量为 5800—6100MJ/m²，是全国太阳辐射最丰富地区之一，仅次于有太阳城之称的西藏拉萨（8300MJ/m²），比同纬度的华北平原多 40MJ/m²，比江南地区多 120MJ/m²。作物生长季节（4—9月）期间，宁夏太阳总辐射大致在 3019—3890MJ/m² 之间，占年总辐射量的60%—64%。

宁夏全区年平均气温在 5.4℃—9.9℃ 之间，呈北高南低分布。全区最冷的 1 月与最热的 7 月平均气温差值在 20.3℃—33.0℃。≥0℃积温为 1400℃—3800℃，同心清水河流域、盐池东部及引黄灌区较高，为 3600℃—3800℃。日平均气温稳定在 10℃ 以上日数 170 天左右。宁夏无霜期平均为 105—163 天，其中，引黄灌区 144—163 天，中部干旱带 150 天左右，南部山区 100—140 天。积温的有效性较高，多数地区种一季有余。

宁夏各地年平均地面温度为 8℃—12℃，同心以北引黄灌区在 10℃ 以上；同心以南地区和盐池较低，在 10℃ 以下；隆德最低仅 7.9℃。地面温度指土壤表层温度，其年变化趋势与空气温度一致，最高在 7 月，最低在 1 月。宁夏冬季寒冷，有 4 个月左右土壤冻结期。

表 4-1 宁夏各气象站主要气候要素值

| 站名 | 年均辐射量（MJ/m²） | 年均日照时数（h） | 全年日照百分率 | 年均气温（℃） | 年均无霜期（≥0℃）（天） | 年均降水量（mm） | 年均蒸发量（mm） |
|---|---|---|---|---|---|---|---|
| 石炭井 | | 3013.6 | 68 | 8.5 | | 179.4 | 2455.9 |
| 大武口 | 6041.23 | 2887.5 | 66 | 9.9 | 177 | 168.2 | 2006.1 |
| 惠农 | 6085.24 | 30393 | 69 | 9.0 | 167 | 159.7 | 1894.4 |
| 贺兰山 | | 29836 | 68 | -0.6 | 91 | 426.6 | |
| 贺兰 | 6036.74 | 3015.0 | 68 | 9.0 | 174 | 179.7 | 1814.9 |
| 平罗 | 6064.5 | 2878.9 | 69 | 9.0 | 169 | 182.0 | 1783.6 |
| 吴忠 | 6000.6 | 2993.1 | 68 | 9.5 | 174 | 178.0 | 1741.3 |
| 银川 | 59233 | 2893.0 | 66 | 9.2 | 175 | 168.2 | 1698.2 |
| 陶乐 | 6095.9 | 3041.7 | 69 | 8.7 | 162 | 178.6 | 1658.8 |
| 青铜峡 | 6017.6 | 2990.9 | 68 | 9.4 | 174 | 182.4 | 1904.9 |
| 永宁 | 5946.9 | 2911.4 | 66 | 9.1 | 176 | 196.5 | 1806.3 |
| 灵武 | 6055.1 | 3013.6 | 68 | 9.0 | 177 | 174.4 | 1786.2 |
| 中卫 | 59411 | 2931.0 | 67 | 8.9 | 168 | 193.5 | 1694.3 |
| 中宁 | 6000.4 | 2982.3 | 68 | 9.6 | 177 | 248.8 | 1485.3 |

续表

| 站名 | 年均辐射量（MJ/m²） | 年均日照时数（h） | 全年日照百分率 | 年均气温（℃） | 年均无霜期（≥0℃）（天） | 年均降水量（mm） | 年均蒸发量（mm） |
|---|---|---|---|---|---|---|---|
| 兴仁 | 59373 | 2941.0 | 64 | 7.1 | 149 | 271.2 | 1705.8 |
| 盐池 | 5885.8 | 2885.2 | 66 | 8.3 | 154 | 333.5 | 1517.8 |
| 麻黄山 | 5805.2 | 2854.0 | 62 | 7.1 | 164 | 344.2 | 2121.3 |
| 海原 | 5529.7 | 2707.8 | 62 | 7.4 | 167 | 344.2 | 1405.1 |
| 同心 | 5927.4 | 2947.0 | 67 | 9.2 | 171 | 261.7 | 1705.8 |
| 固原 | 5409.3 | 2588.6 | 59 | 6.6 | 152 | 404.3 | 1517.8 |
| 韦州 | 5838.3 | 2797.6 | 76 | 9.1 | 161 | 268.8 | 1796.9 |
| 西吉 | 5082.4 | 2349.8 | 53 | 5.6 | 139 | 390.9 | 1040.1 |
| 六盘山 | 51295 | 2326.5 | 55 | 1.3 | 110 | 648.1 | |
| 隆德 | 4954.8 | 2276.4 | 52 | 5.4 | 133 | 496.3 | 1162.4 |
| 泾源 | 4963.8 | 2286.4 | 52 | 6.0 | 158 | 594.0 | 1248.3 |
| 彭阳 | | 2417.8 | 59 | 8.0 | | 479.4 | |

数据来源：宁夏农业综合开发基础资源

（二）水资源

黄河在宁夏过境流程达 397 公里，贯穿 13 个县市，年径流量 325 亿立方米，年可利用水资源 40 多亿立方米。黄河引水方便，发展农业具有得天独厚的条件。引黄灌溉面积 65.47 万公顷，是全国 12 个商品粮生产基地之一。宁夏多年平均降水量为 264.7mm，年代际变化比较明显，6—9 月的降水量占全年总降水量的 70% 左右。年降水量自南向北递减，北部引黄灌区多年平均降水量 192mm，降水年内分配不均，干、湿季节明显，7、8、9 月的降水量占全年总降水量的 60%—70%；南部黄土丘陵区年均降水量 475mm，年降水的 70% 集中在 7—

9月。宁夏各地蒸发量为1040.1—2530.6mm。与降水量相反，蒸发量自南而北递增，固原地区年蒸发量较小，平均为1040.1—1162.4mm；中部干旱带1000—2530mm；引黄灌区受灌溉影响空气湿度较大蒸发量略低，为1200—2000mm。近年来，宁夏积极采取控源截污、生态修复、末端提升等综合整治措施，并大力加强人工湿地、污水处理厂等治污工程建设和管理，采取"取缔一批、整治一批、规范一批"排查治理各类排污口441个。完成全区县级及以上城市饮用水水源地"一源一策"任务，"千吨万人"水源地保护区划定得到生态环境部充分肯定。2022年，黄河干流宁夏段连续6年保持Ⅱ类优水质，国控断面劣Ⅴ类水体和城市黑臭水体全面消除，全区15个地表水国控桥面优良比例达到93.3%，远超国家确定的73.3%的考核目标要求。宁夏水环境质量整体呈现稳步提升的态势。

（三）土地资源

根据2021年宁夏回族自治区第三次国土调查主要数据公报，全区现有耕地面积119.84万公顷，人均耕地0.19公顷，居全国第4位。其中，水田15.41万公顷，占12.86%；水浇地38.21万公顷，占31.88%；旱地66.22万公顷，占55.26%。有草场244.33万公顷，是全国十大牧区之一。有宜农荒地近66.67万公顷，是全国8个宜农荒地超千万亩的省区之一，有宜渔荒滩13万多公顷。特别是北部川区包括引黄灌区13个县（市、区），地势平坦，土壤肥沃，沟渠如织，自秦汉开始就有着悠久的引黄河水自流灌溉的历史，久享黄河之利，旱涝无虞，农业发展水平很高，是西北地区农业的精华之地，素有"西部粮仓""塞上江南"之誉。

根据《2018 年度宁夏回族自治区耕地质量监测报告》，宁夏全区耕地土壤 pH 值、含盐量、有机质、全氮、有效磷等主要指标逐年优化。2018 年监测结果表明，全区耕地土壤 pH 值平均为 8.31，全区耕地土壤 pH 值最高的石嘴山市和吴忠市，分别是 8.38 和 8.37；最低的是中卫市为 8.22，固原市和银川市均为 8.28。全区耕层土壤含盐量平均为 0.08%，含盐量分布整体呈现从南到北逐渐升高的特点；其中，石嘴山市土壤含盐量最高，平均为 0.2%，达到了轻度盐渍化程度；固原市和吴忠市土壤含盐量较低，分别是 0.03% 和 0.04%；银川市和中卫市含盐量分别为 0.1% 和 0.11%。灌溉农业区耕地土壤 pH 值有降低趋势，灌区耕地土壤全盐含量平均为 0.126%；从连续 3 年监测结果看，灌区耕地土壤全盐含量有加重的趋势。全区耕地有机质平均为 13.80g/kg、全氮平均为 0.82g/kg、有效磷平均为 27.07g/kg、速效钾平均为 172.78g/kg；与第二次土壤普查结果相比，耕地土样有机质提升了 27.3%、全氮提高了 15.1%、有效磷提高了 242.8%，速效钾降低了 2.3%。2020 年，对宁夏全区 84 个饮用水水源地和畜禽养殖场点位土壤环境质量开展监测，结果表明镉、汞等 8 项无机指标和苯并 [a] 芘、六六六、滴滴涕等有机指标均未超标。

（四）各产业核心区的资源条件

宁夏是枸杞的道地产区，枸杞是宁夏的"地域符号"和"红色名片"。"宁夏枸杞贵在道地，中宁枸杞道地珍品。"特殊的地理环境造就了宁夏枸杞"甘美异于他乡"的品质。宁夏北倚贺兰山，南凭六盘山。贺兰山南北逶迤 200 多公里，横亘在宁夏平原与阿拉善高原之间，阻挡了西伯利亚的寒流和风沙，素有"朔方之保障，沙漠之咽喉"之称。六盘山历来就有"山高太华三千丈，险居秦关二百重"之誉，隔离了翻越秦岭的暖湿气流，素有"春去秋来无盛夏"之说。黄河出甘肃后，从黑山峡汹涌而出，一泻千里，造就了自古就有"塞上江南""鱼米之乡"美名的宁夏平原。发源于六盘山的清水河，其富含矿物质的苦咸水与夹杂大量泥沙的黄河水在宁夏枸杞核心产区中宁县相汇，形成矿物质和微量元素含量极为丰富的淤积土壤，有利于宁夏枸杞功效物质的形成积累。独特的"两山夹一河"的地理环境和黄河流域生态条件，孕育出了宁夏枸杞"甘美异于他乡"的独特品质。悠久的人工栽培历史和良好的生产管理规范，使宁夏枸杞的功效得到了传承和提升。枸杞生长过程中温度影响尤为重要，在《中华药典》中确定"药用枸杞子为宁夏枸杞"。这其中的温度是影响枸杞品质的主要因子之一。根据刘静等（2003）研究结果表明，枸杞生长最佳界限温度指标是积温，且持续的时间超过170天，由此可造就枸杞生长的最佳温度。除此以外，降水对于枸杞的生长发育也尤其重要，在满足温度条件下，降水的时期以及降水量多少，对于枸杞的品质起到重要作用，尤其是在枸杞的采果期，降水的增多会直接引发枸杞的黑果病。枸杞对土壤的适应性很强，在各种土壤质地如沙壤土、轻壤土、中壤土或黏土上都可以生长。但最理想的土壤则是轻壤土和中壤土，宁夏的灌淤土以其通气性好、兼容养分的能力强、营养元素含量丰富、保肥能力较强，也是枸杞种植的最佳土壤之一。枸杞产业对自然资源依赖度较强，因此良好的区域自然资源环境是枸杞产业集群形成的必要条件，也是其可持续发展的基础。宁夏特殊的地理环境、气候条件以及土壤条件为枸杞的生长提供了得天独厚的优势，进而成为了我国枸杞种植的最佳区域。

贺兰山东麓地处银川平原的西部，系黄河冲积平原与贺兰山冲积扇之间的洪积平原地带，属于中温带干旱气候区，干燥少雨，光照充足，昼夜温差大，具备生产品质葡萄的气候条件。该区域年均降雨量200mm，全年日照时数2851—3106h，平均气温8.5℃，4—10月≥10℃的有效积温为3300℃，平均无霜期170天，生产季节气候条件变化缓和，成熟过程维持时间长，成熟前日温差为12℃左右，相对湿度在8—10月约为69%，降水量从8月中旬开始减少（见表4-3）。这里沙砾结合型土质透气性极佳，土壤为淡灰钙土，有机质含量高，土壤表面为沙面多孔，下层土质紧密、松软，可使葡萄枝干的水分得到很好的调节，非常适宜葡萄的种植生长。该区域土壤母质以冲积物为主，地势较平坦，土壤侵蚀度轻，土壤以灰钙土为主，占该区土壤总面积的46%，多为沙壤，土质疏松，透气性好，土层厚度为40—100cm，pH值7.5—8.5，有利于葡萄根系生长。有机质含量在109g/kg左右，钾十分丰富，磷含量较少（见表4-2）。贺兰山东麓原料产地气候条件是对原料质量影响最大的因素。生产优质的葡萄要求温和的气候条件，生长季节要求日照充足、热量丰富、雨量适中，成熟季节要求温度稳定、雨量偏少，采收前两个月的气候条件对品质形成尤为重要（见表4-3）。贺兰山东麓东依黄河，具有便利的灌溉条件，黄河水质良好，水温适宜，富含泥沙，具有改土肥田功能，是贺兰山东麓水利开发利用的主要源泉。引黄灌渠（第二农场渠、西干渠、新开渠、西夏渠、跃进渠等）在规划区纵横贯穿，将黄河水有效输往各个种植区域，目前部分覆盖规划区灌溉范围，可满足葡萄生长各个时期的供水需要。

表 4-2　贺兰山东麓分区地质地貌对葡萄种植影响评价表

| 所辖区域 | 海拔 /m | 地质地貌 | 土质 | 对葡萄种植的影响评价 |
|---|---|---|---|---|
| 银川市 | 1100—1200 | 贺兰山洪积物冲积而成的扇倾斜平原 | 砂砾土 | 贺兰山东麓中部腹地,泥土质地好,适合葡萄种植生长 |
| 石嘴山市 | 1090—3476 | 洪积扇冲积平原 | 土壤瘠薄盐碱化高 | 海拔较高,土壤需要进一步改良 |
| 青铜峡市 | 1100—1200 | 贺兰山洪积扇冲积平原 | 以灰钙土风沙土和灌淤土为主 | 贺兰山东麓沙壤土地,适合葡萄生长 |
| 红寺堡区 | 1240—1450 | 三山环抱,中央盆地,地势南高北低,主要由缓坡丘陵、洪积扇、沙地、洪积平原 | 沙壤土、砾石土 | 海拔相对其他区域较高,土层厚 30—100cm,泥土有机质含量为 0.39—0.91 之间,适宜白葡萄酒酿酒葡萄的种植 |
| 农垦系统 | 1100—1200 | 洪积扇前倾斜平原、洪积冲积平原 | 沙石地、碎石地 | 南部沙石地貌,需要改良后方可进行葡萄种植 |

表 4-3　贺兰山东麓分区气象气候对葡萄种植影响评价表

| 所辖区域 | 年均降水量/mm | 年均蒸发量/mm | 平均气温/℃ | 有效积温/℃ | 日照/h | 无霜期/d | 对葡萄种植的影响评价 |
|---|---|---|---|---|---|---|---|
| 银川市 | 201.4 | 1470.1 | 8.7 | 3245.6 | 2867 | 167 | 气候环境相对优越 |
| 石嘴山市 | 178 | 2110 | 9.1 | — | 3084 | 155 | 干旱少雨,蒸发量大,对灌溉要求较高 |
| 青铜峡市 | 175.9 | 1864.5 | 9.2 | 3277 | 2955 | 199 | 年均气温高,积温充分,葡萄成色较好 |
| 红寺堡区 | 200 | 2000 | 8.8 | 3200 | 3040 | 155 | 干旱少雨,蒸发量大,培育了含糖量高的葡萄,区域对水利浇灌提出较高要求 |
| 农垦系统 | 208.8 | 1583.2 | 8.5 | 3298 | 2969 | 185 | 气候环境相对优越 |

　　盐池县是牧区县,得天独厚的自然条件,培养了滩羊独特的质量。日照长,热量资源丰富,夏季炎热,冬季不太冷,昼夜温差大,有利于牧草营养物质积累。降水少,风沙大,气候干燥,蒸发量为降

雨量的 8—10 倍。盐池光热资源与全国主要牧区相比具有相对的优越性。土壤以灰钙土、淡灰钙土为主，有机质含量少，土壤有机质含量在 0.66%—1.20% 的天然草场占 86.3%，有利于天然草场的改良和人工牧草的种植。土壤盐碱化普遍，水中碳酸盐、硫酸盐、氯化物多，硫磷钙等矿物质含量丰富。境内草场资源、畜牧业资源富集。现有可利用草场面积 47.6 万公顷，占天然草场总面积的 85.6%。草原以荒漠草原、干草原为主，在干草原草场、荒漠草场、沙生植被草场、盐生植被草场 4 种草原类型上，分布最广的植物有菊科、禾本科、豆科、藜科及蔷薇科，生长着甘草、苦豆子等 175 种优质牧草。这些优质牧草适口性好、干物质多、蛋白质丰富、饲用价值高，年均产草量约 25 万吨。独特的自然气候条件和天然草场植被培育造就了盐池滩羊这一优秀地方肉羊品种。

在奶产业方面，宁夏夏少酷暑，冬少严寒，气候干爽，养殖用地资源相对充裕，是名副其实的"黄金奶源带"。主要奶产区为沿黄地区，属温带大陆性干旱、半干旱气候。干旱少雨、风大沙多、日照充足、蒸发强烈，气温的年较差、日较差大，无霜期短而多变。年日照时数 2250—3100h，年平均日照百分率 50%—69%，年平均气温为 5.3℃—9.9℃，年平均降水量 166.9—647.3mm。这样的气候条件尤其适合优质饲草种植，有利于苜蓿、青贮玉米等主要饲料的生长，形成高蛋白、淀粉的含量积累，加上引黄灌区的灌溉之利，有效提升了饲草的产量。同时，干燥的气候能够抑制饲养场地寄生虫等病原体的滋生和繁殖，从而有效减少疾病的发生、传播，保证了奶牛的健康，保证了原料乳的高质量。此外，宁夏奶产业充分利用荒山、荒坡等未利用地发展奶牛养殖，新建奶源基地分布在吴忠市利通区五里坡、孙家滩，灵武市白土岗，平罗县河东，青铜峡市峡口镇，中宁县太阳梁乡，沙坡头区和盐池县等 8 个区域，规划利用土地 0.8 万公顷。

宁夏发展瓜菜产业得益于独特的地理自然资源优势。宁夏光热充足，夏无酷暑，冬无严寒，环境洁净，全年日照时数 3000h 以上，有效积温 3300℃，无霜期 160 天左右，昼夜温差大，尤其是夏季相对干燥冷凉的气候特点与南方高温梅雨天气形成明显的季节差异；冬季土壤休养生息，病虫害少，非常适合冷凉蔬菜生产。宁夏黄河沿岸沟渠纵横交错，湖泊星罗棋布，水利设施配套，灌溉条件便利，总灌溉面积 65.47 万公顷，是国家五大自流平原灌区之一。引黄灌区土地平展，土壤肥沃，适宜大规模机械化作业。土壤类型主要有淡灰钙土、浅色草甸土、灌淤土、盐土、湖土、白墡土、风沙土、堆垫土等 8 种，15 个亚类，土壤 pH 值 8.0—8.5，有机质含量 13.6—17.6g/kg。土壤中硒元素含量多，主要分布在吴忠、海原兴仁等地，全区平均值为 0.102mg/kg。这些独特的土壤环境及气候等条件，种植出的蔬菜和瓜果品质高、风味独特、口感极佳，深受当地及周边市民的青睐。为宁夏发展优质蔬菜和西甜瓜产业奠定了坚实的基础。

## 二、生产绿色优质安全农产品的产业基础较好

宁夏虽是全国最小的省区之一，但近年来，在创新理念、科学布局、因地制宜、分类指导的发展思路的指导下，充分利用独特的资源、特有的风土发展优势特色农业，优势特色农产品产业带已经基本形成，呈现出区域化布局、专业化分工、规模化生产、产业化经营的

良好态势，区域优势特色越来越明显。作为宁夏重点推进的"六特"产业之首，多年来，历届自治区党委和政府立足贺兰山东麓区位优势和资源禀赋，大力推进葡萄酒产业发展，引进了先进的种植和酿造技术，吸引了大量的国内外投资，布局建设了一批各具特色的现代化酒庄，形成了比较完善的政策体系，开展了日益广泛的国际合作，走出了一条具有宁夏特色的葡萄酒产业、旅游、文化融合发展之路，得到了业界和消费者的广泛认可。产区成为中国首个国际葡萄与葡萄酒政府间组织（OIV）省级观察员、国际侍酒师协会会员、国际葡萄酒教育家协会会员；国内外知名葡萄酒企业张裕（摩塞尔十五世酒庄）、中粮长城（天赋酒庄、云漠酒庄）、保乐力加（贺兰山酒庄）、轩尼诗（夏桐酒庄）、路易威登等国内外大型龙头企业相续落户宁夏；引进英国、法国、美国、澳大利亚等23个国家的60名国际酿酒师来宁服务，有效提升了宁夏酿造工艺和水平；产区从品种引进、苗木繁育、葡萄园管理，到酒庄建设、葡萄酒酿造、销售，对标世界一流葡萄酒产区，结合宁夏实际，制定了技术标准和管理办法，特别是全国第一个以地方人大立法的形式对产区进行保护，颁布了《宁夏贺兰山东麓葡萄酒产区保护条例》；出台了《中国（宁夏）贺兰山东麓葡萄产业文化长廊发展总体规划》等15个政策性文件，为产区发展提供了政策支撑，推动了宁夏贺兰山东麓葡萄酒产业的快速发展。葡萄酒产业已成为宁夏扩大开放、调整结构、转型发展、促农增收的重要产业，产区影响力日益凸显、产业带动力持续放大、产品竞争力显著增强，葡萄酒已成为宁夏对话世界、世界认识宁夏的一张靓丽名片。尤其是，习近平总书记2016年、2020年两次视察宁夏，都对宁夏葡萄酒产业充分肯定并寄予殷切期望。习近平总书记2016年7月指出："中国葡萄酒市场潜力巨大。贺兰山东麓酿酒葡萄品质优良，宁夏葡萄酒很有市场潜力，综合开发酿酒葡萄产业，路子是对的，要坚持走下去。"他还在2020年6月指出："随着人民生活水平不断提高，葡萄酒产业大有前景。宁夏要把发展葡萄酒产业同加强黄河滩区治理、加强生态恢复结合起来，提高技术水平，增加文化内涵，加强宣传推介，打造自己的知名品牌，提高附加值和综合效益"，"假以时日，可能十年、二十年后，中国葡萄酒'当惊世界殊'"，为宁夏推进葡萄酒产业高质量发展指明了方向、提供了遵循。作为习近平总书记赋予宁夏努力建设黄河流域生态保护和高质量发展先行区使命任务的先行产业、绿色产业，宁夏正在全力推进中国首个国家葡萄及葡萄酒产业开放发展综合试验区建设，宁夏葡萄酒产业，正以前所未有的"加速度"蓬勃发展，努力打造"葡萄酒之都"。

宁夏是全国枸杞产业基础最好、生产要素最全、科技支撑力强、品牌优势突出的道地产区，是最具宁夏地方特色和品牌优势的战略性主导产业。新中国成立后，先后十一版《中华人民共和国药典》均认定宁夏枸杞是唯一入药枸杞。"道地"是宁夏枸杞的品牌灵魂和优势。近年来，宁夏回族自治区党委和政府作出再造枸杞产业发展新优势战略部署，出台一系列扶持政策，枸杞产业取得长足发展。宁夏拥有世界唯一的枸杞种质资源圃，自主培育出宁杞1号、宁杞2号、宁杞5号、宁杞7号等10余个枸杞新品种应用于生产，良木繁育领先全国，枸杞良种苗木繁育能力突破1亿株。制定了"枸杞子质量标准""枸杞栽培技术规程"等国家标准、行业、地方标准，开展的枸杞新品种选育、配套栽培技术、示范推广、生产加工等方面的研究工作，取得了丰硕的成果，这些成为枸杞产业发展的科研优势。干果、饮品、酒类、叶菜、芽茶、功能性食品、食品添加剂、保健品、化妆品、中药饮片等枸杞及其制品达 10 大类 60 余种。目前，宁夏从事枸杞深加工的企业超过 274 家，枸杞鲜果加工转化率达到 25%，居全国之首。仅在中宁，干果、酒类、中药饮片等枸杞及其衍生制品就达 10 大类 60 余种，12 款特膳食品、4 款保健产品批量生产，枸杞原浆产能达到 1 万吨以上，枸杞糖肽、护肝片等功能性食品已进入医院营养配餐渠道。未来，包括 20 多种具有提升免疫力、抗氧化、防晒美白等功效的枸杞原浆类复配产品将陆续进入市场。经过多年持续发展，枸杞产业已形成中宁核心产区、银川平原产业带和清水河流域产业带的"一核两带"产业发展格局。

草畜产业方面，"十三五"末，肉牛、滩羊饲养量分别达到 192.6 万头和 1221 万只，比"十二五"末分别增长 43.75%、13.87%，人均牛肉占有量是全国平均水平的 3 倍。全区现已建成滩羊良种繁育场 7 家，其中入选国家肉羊核心育种场 2 家、国家级保种场 3 家。开展了滩羊育种、滩羊基因（SNP）鉴定、滩羊标准化生产等新技术研究示范，建立裘肉兼用、多胎基因编辑滩羊新品系群，繁殖率达到 163%，达到了国内领先水平。目前，滩羊"两年三产"普及率达到 75% 以上，繁殖成活率 110%；核心群串子花型裘皮比例达到 55% 以上，7—8 月龄出栏羊胴体重达到 18—20 公斤。全区绿色食品加工企业达到 1331 家，农产品加工转化率达到 69%。大力推进粮改饲，2020 年饲草产量达到 1569 万吨。经过多年的发展，宁夏牛羊肉产业被确定为全国优势农产品主产区。宁夏地处"黄金奶源带",光热水土组合优势明显,适宜奶牛养殖繁育,是生产高端奶的"天然牧场"。"十三五"末,奶牛存栏 57.38 万头,比"十二五"末增长 51.4%,居全国第八位;全产业链产值增长 68.5%,达到 610 亿元;生鲜乳产量 280 万吨,比 2019 年增长 53%,生鲜乳人均占有量居全国第一位,宁夏正在打造中国"高端奶之乡"。

宁夏是全国越夏蔬菜最好的种植区域之一,得天独厚的自然条件是发展冷凉蔬菜的理想基地。全区蔬菜生产面积 296.1 万亩,其中:设施蔬菜 55 万亩,露地冷凉蔬菜 162.7 万亩(供港蔬菜 48.7 万亩,黄花菜 18 万亩),露地西甜瓜 78.5 万亩。蔬菜总产量 608.1 万吨,产值 158.27 亿元。各市县发挥比较优势,以提高质量和效益为中心,建成集中连片蔬菜基地 1137 个,山东水发、广东东升、上海卜峰、福建永辉、海南都知果、浙江吉园果蔬等全国知名企业落户西吉、彭阳、隆德、平罗、兴庆等县区,发展订单生产 25 万亩以上。兴庆、灵武蜜瓜小镇、平罗番茄小镇产业特色鲜明,"一村一品、一乡一业"理念不断深入,龙头企业带动作用凸显,规模化生产效益大幅提升。

由于地域区位优势,自然环境优良,宁夏农产品无污染、品质高。随着农业标准化工作的逐步推进,优质的农产品发展迅速。截至 2021 年,创建了贺兰县、永宁县、利通区、沙坡头区及农垦集团 5 个国家现代农业示范区,创建 300 家标准化生产示范点,全国绿色食品原料标准化生产基地 13 个,建设自治区级绿色食品原料标准化生产基地 16 个,全国有机农产品标准化生产基地 3 个,建成农产品全程质量控制试点 40 个。申报全国绿色食品一二三产业融合发展园区

2 家。建设国家级农业标准化示范园区 69 个、国家级畜禽标准化示范场 72 个、农业农村部蔬菜标准园 106 个。全区已认证登记绿色食品 306 个，有机农产品 41 个，获证优质农产品数量年增幅保持在 6% 以上。

## 三、农产品品质优良

农产品品质优良的重要原因在于当地适于其生长的土壤、充足的光照和昼夜温差大的气候及洁净的环境。在这样的环境中，有利于呼吸酶活性的降低，有利于农作物有机物等干物质的积累，有利于生产出营养成分含量高的优质农产品。

宁夏枸杞鲜果粒大、籽少、肉厚、色鲜红，干果皮薄质脆、口味纯正甘甜、后味略苦，药食价值独特，品质超群，是唯一被载入《新中国药典》的枸杞品种，也是首批获得"地道药材"认证的枸杞品种，具有养肝、滋肾、润肺、补虚益精、清热明目等药用功效。现代研究证明，宁夏枸杞成熟果实含有枸杞多糖、维生素、牛磺酸、生物碱等生物活性成分和 18 种氨基酸、32 种微量元素以及利于人体健康和智力开发的有机硒、锌等矿物质元素，每百克枸杞果实中，枸杞多糖含量在 3.5 克以上，硒含量高于其他产区，含铅量低于其他产区 5 个百分点；吸湿率低于 2.5%。宁夏枸杞干果单糖含量低，不易氧化变色，不易结块，有利于储藏和远距离运输，造就了宁夏枸杞、中宁枸杞药性异于他乡枸杞的独特品质。目前，已经有很多研究表明，枸杞多糖具有促进免疫、抗衰老、抗肿瘤、清除自由基、抗疲劳、抗辐射、保肝、生殖功能保护和改善等作用。据调查分析显示，宁夏枸杞的多糖、黄酮、甜菜碱等表征果实品质成分都满足且高于药典要求，质量优良（见图 4-1）。据霍建刚等（2013）研究，对各产地枸杞综合品质进行加权得分，中宁枸杞的综合加权得分明显高于其他产地的枸杞，综合品质明显优于其他产地的枸杞（见图 4-2）。得益于这样的优良品质，宁夏枸杞被评为全国消费者最喜爱的 100 种优质农产品。

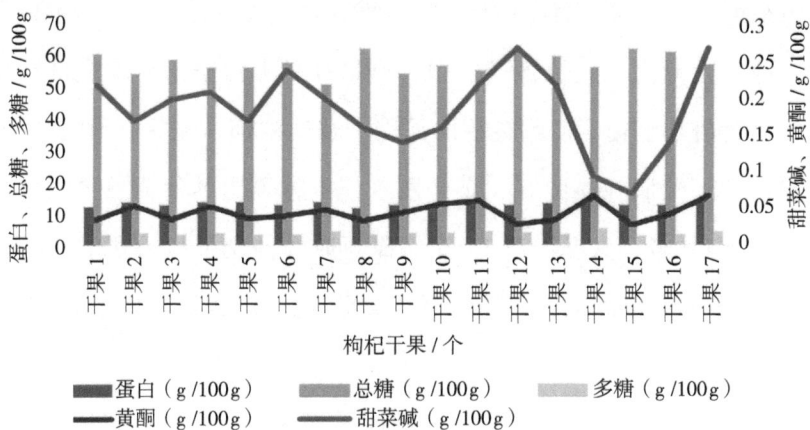

图 4-1 宁夏枸杞中蛋白等成分含量

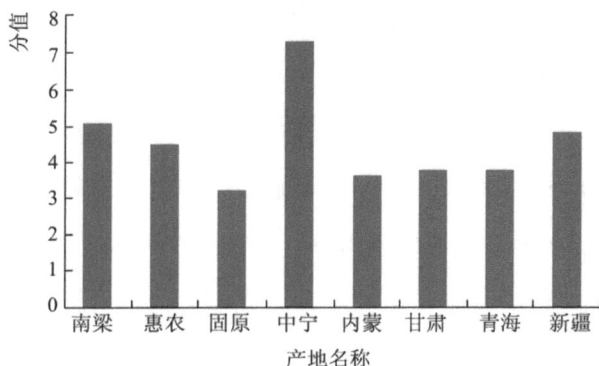

图 4-2 各枸杞产地加权得分图

贺兰山东麓葡萄酒产区位于北纬 37°43'—39°23'，属于温带半干旱气候，处于世界酿酒葡萄的优势地带，其水热系数、温度、湿度、土壤化学背景等方面均有利于葡萄种植及产出，年均日照时数比波尔多高出近 1000 小时，年均降雨量较少也利于葡萄糖分保持，综合维度、气温、年均日照时数、成熟季水热系数等变量看，贺兰山东麓葡萄酒产区的自然禀赋甚至比法国的波尔多地区更胜一筹。因此，贺兰山东麓产出的酿酒葡萄具有无病虫害、香气发育完全、色素形成良好、糖分含量高、酸性含量适中、产量高、无污染、品质优良等特点。贺兰山东麓葡萄酒颜色靓丽深邃、香气浓郁，先后有 60 多家酒庄酿造的葡萄酒在品醇客、布鲁塞尔、柏林等国际葡萄酒顶级大赛中获得 1100 多个大奖，有 14 款葡萄酒成为外交部接待用酒，产品远销 40 多个国家和地区，葡萄酒产业已成为宁夏独具特色的"紫色名片"。

北纬 40°—47° 是的世界公认的优质奶源带，这里有充足的阳光和水分，有适宜的温度和肥沃的土壤，能够孕育高品质的牧草。我国内蒙古、黑龙江、河北和宁夏奶产区均处于这一地带附近。宁夏牛奶的乳蛋白指标（3.2g／100g）全部高于欧盟标准、国家标准（2.8g/100g）。国家收购牛奶乳脂肪标准为 ≥ 3.1g /100g，宁夏牛奶达到了 3.75—4.25g /100g。从生鲜乳品质看，宁夏、内蒙古、河北、黑龙江四产区的生鲜乳的平均乳脂率、乳蛋白率均显著高于国家标准，但省际差距不明显（见表 4-4）。吴忠牛乳近三年抽检合格率始终保持100%，奶牛良种率、机械挤奶率、青贮饲喂率均达到 100%。

表 4-4 宁夏生鲜乳主要指标对比

| 指标 | 宁夏平均值 | 全国平均值 | 国家标准 | 欧盟标准 |
|---|---|---|---|---|
| 乳脂肪（g/100g） | 3.9 | 3.9 | 3.1 | 3.1 |
| 乳蛋白（g/100g） | 3.3 | 3.23 | 2.8 | 3 |
| 非脂乳固体（g/100g） | 9.03 | / | 8.1 | / |
| 谷氨酸（mg/100g） | 914 | 639 | / | / |
| 酪氨酸（mg/100g） | 136 | 114 | / | / |
| 钙（mg/kg） | 1142 | 1130 | / | / |
| 硒（mg/kg） | 0.0252 | 0.0134 | / | / |
| 体细胞数（万/ml） | ≤ 20 | ≤ 21 | <50 | ≤ 40 |
| 细菌数（万/ml） | < 5 | < 5.3 | < 200 | < 10 |

数据来源：2021 年中国奶业统计及业务部门统计

六盘山牛肉营养丰富、口感香醇。每 100g 六盘山牛肉背最长肌中蛋白质含量大于 20%，硒含量为 8.86μg，是《中国食物成分表》（标准版）的 2.8 倍；铁含量为 2.33mg，是参考值的 1.3 倍；锌含量 4.95mg，高于参考值 0.25mg。单不饱和脂肪酸（MUFA）占不饱和脂肪酸的 45.33%。滩羊是宁夏独有的优势特色肉羊品种，滩羊肉色泽鲜红，脂肪乳白且分布均匀，含脂率低，肌纤维清晰致密，亲水力强、熟肉率高，经专业机构检测，其中的鲜味物质——中链脂肪酸和风味氨基酸，较其他品种羊肉高 35%—80%，特别是微量元素硒的含量达到 0.073mg/kg，而胆固醇的含量与其他羊肉相比最低，具有极强的保健功能，营养成分结构也明显优于其他肉类食品，是羊肉中的佼佼者。其鲜嫩的口感和不腥不膻的风味受到广大消费者的欢迎，常年远销国内一二线城市的商超和各大饭店，在全国范围内极具知名度。盐池滩羊肉肌纤维在家喻户晓的纪录片《舌尖上的中国》第二季中，对盐池滩羊肉有这样的描述："黄河冲出贺兰山，塑造了宁夏平原，几乎所有中国的美食家都认为：盐池滩羊肉质最佳。"

宁夏西瓜曾被康熙盛赞为"瓜中之王"。硒砂瓜品质优良，个大、瓤红、汁多、脆甜，富含有胡萝卜素、维生素、18 种氨基酸和锌、钙、钾、硒等微量元素，中心糖度（可溶性固形物含量）在 12% 以上，维生素 C 高达 8mg/100g，硒元素含量 0.038mg/ kg，口感极佳，被誉为中国最好吃的西瓜之一。2008 年，宁夏中卫香山硒砂瓜被指定为北京奥运会中国唯一西瓜采购基地。2010 年，香山硒砂瓜作为上海世博会专供优质农产品之一，以其独特的品质享誉国内外。同样，宁夏蜜瓜食用品质好，果型均匀，含糖量高，中心糖度可达到 20%，口感甘甜，含有 VC 等多种维生素、碳水化合物、铁、钙、锌、硒等矿物质。以宁夏银川市兴庆区都知果蜜瓜为例，2020 年蜜瓜中心糖度达到 18% 以上，亩产达 3700kg。

宁夏土壤有机质丰富、硒含量高，得黄河灌溉之利，生产的蔬菜口感鲜嫩、营养丰富、风味浓郁、品质优良。据测定，宁夏菜心的干物质含量为 9.8g/100g，比华南地区高 4.3g/100g、比中原地区高 2g/100g、比西南地区高 1.7g/100g，菜心纤维含量少、口感好，尤其是维生素 C 含量达到 26—138mg/100g，是普通菜心的 15 倍。蛋白质含量为 1.20—3.25g/100g、总糖含量为 0.8—3.0g/100g、含钙 720—1310mg/kg、含铁 11.7—22.8mg/kg、含硒 0.0015—0.0086mg/kg，口感脆嫩爽滑、回味甘甜。目前，宁夏菜心超过 70% 的生产基地已获得绿色食品、有机食品、GAP 良好农业示范认证，标准化程度显著提升。宁夏菜心远销粤港澳等地区，品牌影响持续提升，成为大湾区高端蔬菜的代表。

## 四、农产品品牌建设取得了长足进步

宁夏有诸多名声远扬、历史长久、为广大消费者所称道的优质农产品。近年来，宁夏农产品品牌建设在政府的引领支持下，找准功能定位、守住生态底线，品牌建设稳步推进，呈现出农产品品牌建设主体快速发展、建设意识逐步增强、建设体系日趋完善、标准化程度不断提高、农产品品牌认证数量持续增加且数量初具规模、品牌营销网络逐渐完善、营销思路不断创新，互联网运用率显著提高等局面。2017年，《自治区人民政府办公厅关于加快推进宁夏特色优质农产品品牌建设的意见》出台，对推动农产品品牌建设起到了积极的促进作用。截至2021年，宁夏培育特色优质农产品品牌474个，其中：绿色食品306个，有机农产品41个，农产品地理标志60个，名特优新农产品43个。有中国驰名商标23个，宁夏著名商标141个。培育了"宁夏枸杞""中宁枸杞""中宁硒砂瓜""盐池滩羊""宁夏菜心"等近60个区域公用品牌。2021中国品牌价值评价榜上，宁夏4个区域品牌名列全国前100名，其中，"贺兰山东麓葡萄酒"位列区域品牌第9名；"中宁枸杞"位列区域品牌第15名；"盐池滩羊肉"位列区域品牌第43名；"中卫硒砂瓜"位列区域品牌第75名。涌现出盐池滩羊肉、中宁枸杞、宁夏菜心、灵武长枣、吴忠牛乳等一批全国知名的地理标志农产品。宁夏地理标志农产品2021年登记数量较2008年增长近200%（见图4-4）。其中：种植业44个，占73.33%；养殖业14个，占23.33%；渔业2个，占3.33%。"枸杞之乡""滩羊之乡""甘草之乡""硒砂瓜之乡""马铃薯之乡"的名号越来越响亮，"宁夏枸杞""宁夏大米""宁夏菜心""中宁枸杞""盐池滩羊""贺兰山东麓葡萄酒""西吉马铃薯""香山硒砂瓜""灵武长红枣"等区域公用品牌的价值、地位和国内知名度得到极大提升。"贺兰山东麓葡萄酒""中宁枸杞""盐池滩羊""宁夏大米"等 8 个区域公用品牌入选"中国百强区域公用品牌"。尤其是枸杞已经成为宁夏的招牌农产品，中宁县在 1995 年被国务院命名为"中国枸杞之乡"，2001 年"中宁枸杞"地理标志证明商标正式注册，成为当时全国唯一以枸杞原产地命名的证明商标。"中宁枸杞"作为中国驰名商标，品牌价值达 190.32 亿元。经过多年努力，"宁夏枸杞""中宁枸杞"的品牌发展不断取得新的进展，2021 年"宁夏枸杞"地理标志证明商标注册成功，这进一步提升了"宁夏枸杞"品牌知名度、美誉度和影响力，"宁夏枸杞"品牌影响力较其他产区区域公用品牌更大。宁夏从事枸杞行业的企业数量要明显多于其他产区，枸杞产品的注册商标数量也位居第一，枸杞产品的品牌发展较其他主产区具有明显竞争优势。中国枸杞产品品牌主要集中在宁夏，宁夏中宁县枸杞企业自主商标达到 60 件以上，自主注册枸杞相关产品商标数量在全国领先。宁夏枸杞深加工能力在全国枸杞主产区处于领先水平，枸杞产品各类也较多，枸杞深加工产品多元化、差异化发展使得"宁夏枸杞"品牌发展也相对较有竞争力。2019 年，"杞动力"枸杞饮料被国家市场监督管理总局批准注册为保健食品，成为国内首款具有增强免疫力、缓解视疲劳双重功效的枸杞保健饮料，引领产业向高值化方向发展，进一步增强了"宁夏枸杞""中宁枸杞"两个区域公用品牌影响力和美誉度。

宁夏贺兰山东麓是业界公认的世界上最适合种植酿酒葡萄和生

产高端葡萄酒的黄金地带之一。贺兰山东麓种植的酿酒葡萄品质优良，所酿葡萄酒受到众多消费者青睐。宁夏"贺兰山东麓葡萄酒"品牌价值由 2016 年的 140.96 亿元提高到 2021 年的 281.44 亿元，品牌价值排名由全国第 46 位跃升到第 9 位。培育出了"贺兰红""贺兰晴雪""西夏王""长城天赋""法赛特""贺东""揽翠""银色高地""志辉源石""立兰""禹皇""类人首""加贝兰""原歌""铖铖"等国内外具有影响力的葡萄酒品牌。2011 年至今，贺兰山东麓葡萄酒在国内外葡萄酒大赛中已斩获上千个奖项，占全国获奖总数的 60% 以上。《"贺兰山东麓葡萄酒"地理标志专用标志使用管理办法》印发，进一步加强了贺兰山东麓葡萄酒地理标志的规范管理，统一和规范贺兰山东麓葡萄酒地理标志专用标志的使用，保证贺兰山东麓葡萄酒的质量和特色，提升品牌知名度，强化产区行业自律。"贺兰山东麓葡萄酒"地理标志专用标志核准使用企业已增至 31 家，比去年同期增长了 55%。这些工作，为进一步强化宁夏优质农产品品牌建设奠定了坚实基础。

宁夏盐池滩羊是独特物候条件下造就的一个优秀地方绵羊品种，作为"中国滩羊之乡"，"盐池滩羊"品牌影响力越来越大。"盐池滩羊"获批 2021 年国家地理标志产品保护示范区，成为"中国驰名商标"和国家农产品地理标志示范样板，入选国家百强农产品区域公用品牌和全国商标富农案例，成为我国重要农业物质文化遗产和高端羊肉的代表品牌。盐池滩羊肉凭借其高品质取得了 G20 杭州峰会、金砖国家领导人厦门会晤上合组织青岛峰会、夏季达沃斯论坛和党的十九大会议、全国两会等重大会议国宴专用食材的入场券，真正体现了中国驰名商标的价值。在一二线城市中高端市场的知名度、美誉度逐年提升。宁夏进一步加强了"盐池滩羊"品牌保护，对"盐池滩羊"地理标志产品保护标准和"盐池滩羊"地理标志证明商标管理使用办法进行了修订，指导滩羊生产企业申请使用"盐池滩羊"地理标志专用标志，组织开展"盐池滩羊"地理标志证明商标专用权保护专项行动。

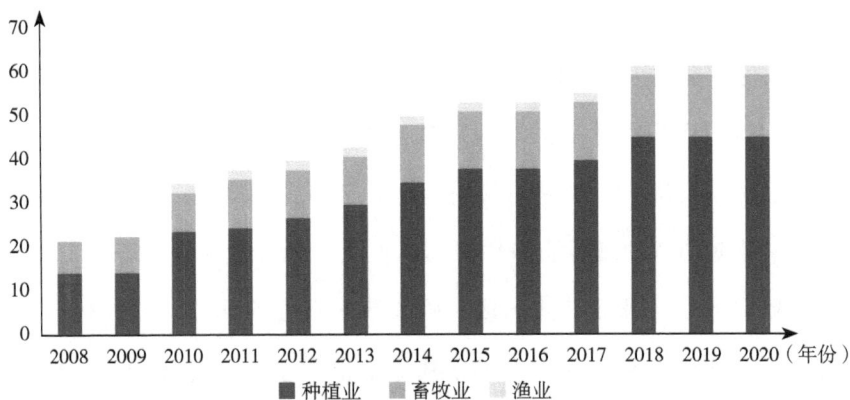

图 4-3 宁夏地理标志农产品历年累计登记数量

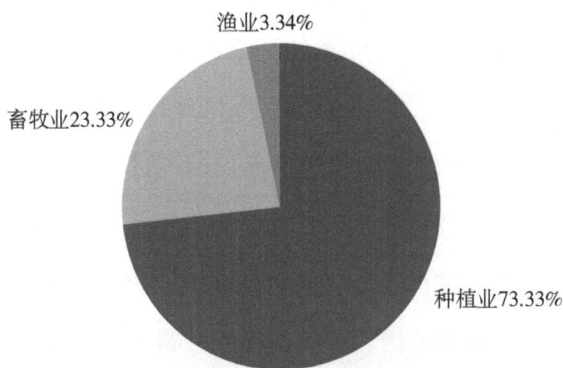

图 4-4 宁夏地理标志农产品不同类型登记比例

## 五、优势特色产业发展的政策支持力度越来越大

为了最大限度发挥宁夏的资源优势，促进农业优势特色产业发展，近年来，宁夏回族自治区党委、政府先后出台了一系列大力支持我区优质农产品产业发展的有关政策，科学优化产业布局，重点支持葡萄酒、枸杞、牛奶、肉牛和滩羊、冷凉蔬菜、粮食、马铃薯等产业提质增效、转型升级、高质量发展，有效地保障了我区重点产业发展的政策环境优势。先后出台了《关于加快推进宁夏特色优质农产品品牌建设的意见》（2017 年）、《宁夏现代农业科技创新示范区建设总体方案（2018—2022 年）》、《关于加强东西部科技合作推进开放创新的实施方案的通知》（2018 年）、《关于推进农业高质量发展促进乡村产业振兴的实施意见》、《关于印发自治区九大重点产业高质量发展实施方案的通知》（2020 年）、《宁夏回族自治区推动高质量发展标准体系建设方案（2021—2025 年）》、《宁夏回族自治区科技创新"十四五"规划》、《关于加快建立健全绿色低碳循环发展经济体系的实施意见》、《关于促进畜牧业高质量发展的实施意见》、《关于印发宁夏贺兰山东麓葡萄酒产业高质量发展"十四五"规划和 2035 年远景目标的通知》等一系列政策。自治区党委还成立了由自治区各主要负责领导同志分管包抓机制专班，建立了枸杞、奶业、肉牛、滩羊、葡萄酒等产业的高质量发展省级领导包抓工作机制，统筹推进。在《自治区九大重点产业高质量发展实施方案》中明确提出了现代枸杞产业重点要建立完善质量标准，依法维护市场信誉，大力发展精深加工，叫响中国枸杞之乡品牌；葡萄酒产业重点要放大产区优势，提升品牌价值，打造领

军企业，把贺兰山东麓打造成"葡萄酒之都"；奶产业重点要强化良种繁育、品牌经营、利益联结、精深加工，壮大主体，保障品质，提升效益，打造高端奶之乡；肉牛和滩羊产业重点要以延长产业链提升产品附加值，以环境载畜力布局牛羊繁殖量，增强市场竞争力，打造高端肉牛生产基地和中国滩羊之乡。2022 年宁夏第十三次党代会进一步强调，要立足自身优势特色，深入实施特色农业提质计划，坚持以龙头企业为依托、以产业园区为支撑、以特色发展为目标，大力发展葡萄酒、枸杞、牛奶、肉牛、滩羊、冷凉蔬菜"六特"产业，构建现代农业产业体系、生产体系、经营体系，形成集研发、种养、加工、营销、文化、生态为一体的现代农业全产业链，打造世界葡萄酒之都，把"枸杞之乡""滩羊之乡""高端奶之乡"的品牌擦得更靓，建设全国重要的绿色食品生产基地，让宁夏更多的农产品走向市场（见图 4-3、图 4-4）。这些政策措施的出台为推进自治区"六特"产业实现高质量发展，打造宁夏绿色优质安全农产品产区创造了强有力的政策保障。

科技创新环境也在不断优化。先后制定颁布了《关于推进创新驱动战略的实施意见》《实施人才强区工程助推创新驱动战略的意见》《促进科技成果转化条例》《技术市场促进条例》等一批重大政策文件，形成了涵盖创新主体培育、科技体制改革、人才引培留用、东西部科技合作、科技成果转化等全链条的创新政策体系。尤其是进入"十四五"以来，自治区党委、政府明确提出要强化创新驱动战略引领作用，着力塑造经济社会发展新优势。要深入推进科技体制改革，形成创新活力充分迸发、创新源泉充分涌流的创新生态。要深化人才发展体制机制改革，完善培养引进、使用评价、激励服务体系，推动人才向产业和企业集聚，提升人才质量和密度。要以特色发展为目标、以市场需求为导向，优品类、提品质、打品牌，做实做强特色现代农业，建设国家农业绿色发展先行区。要加快建设现代农业产业体系，聚焦特色农产品优势区建设，推进葡萄酒产业放大产区优势、提升品牌价值，枸杞产业地理品牌保护、产品精深加工，奶产业强化品牌经营、形成规模效应，肉牛和滩羊产业创新营销模式、扩大消费半径，加快"葡萄酒之都""枸杞之乡""高端奶之乡""高端牛肉生产基地""滩羊之乡"和高品质蔬菜示范基地建设，打造集研发、种植、加工、营销、文化、生态于一体的现代农业全产业链。相继出台了《宁夏回族自治区科技创新"十四五"规划》《宁夏回族自治区推动高质量发展标准体系建设方案（2021—2025年）》《自治区九大重点产业高质量发展实施方案》《宁夏贺兰山东麓葡萄酒产业高质量发展"十四五"规划和2035年远景目标》等政策，特别是，2022年自治区第十三次党代会把创新驱动战略作为"五大战略"之首，将打造区域科技创新高地作为推进高质量发展的"首要支撑"，明确了实施创新力量厚植、创新主体培育、创新协同联动、创新生态涵养科技创新"四大工程"，出台了《关于实施科技强区行动提升区域创新能力的若干意见》《关于高水平建设全国东西部科技合作引领区的实施方案》《科技体制改革攻坚三年行动方案》等一系列政策措施，全面部署科技创新，为优化创新环境、激发全社会创新动力提供了更为坚实的政策保障。2022年，宁夏综合科技创新水平指数达到61.4%，排名全国第18位、西北第2位；经费投入强度（与GDP之比）达到1.56%，排名全国第 19 位、西北第 2 位，全社会研发经费投入增速居全国第 8 位；科技部批复宁夏建设全国首个东西部科技合作引领区，打造东西部跨区域协同创新样板。"十三五"以来，累计实施国家、自治区农业科技重大、重点项目 240 多项，获得国家和自治区科学技术奖励 80 多项。全区农业科技进步贡献率达到 60.2%，高于全国 1 个百分点。在科技项目立项上，一是持续稳定支持种业创新。组织实施自治区优势特色产业育种专项，持续稳定支持了小麦、水稻、酿酒葡萄、枸杞、滩羊、奶牛等十大育种项目；二是强化东西合作，与东部省市建立了"科技支宁"东西部合作机制，先后实施农业合作项目 200 多项、结对共建农业园区 3 个，组建了中国（宁夏）奶业研究院、中国农科院科技成果转化基地、浙江农科院石嘴山农业科技创新产业研究院等创新载体，引进创新团队 26 个，吸引 300 余名东部人才来宁协同创新，转化新技术、新成果、新工艺；三是突出企业创新主体地位和主导作用，重点围绕优势特色产业关键共性技术的突破与跨越，统筹建设布局，加强资源整合，引导各类科技创新资源要素向企业集聚。鼓励龙头企业建设研发机构、加大研发投入、构建产业技术创新战略联盟。支持科技型企业牵头组织实施重大产品开发、应用技术研究和成果转化项目。

## 六、便利的地理交通优势

宁夏东邻陕西省，西部、北部接内蒙古自治区，南部与甘肃省相连。从中国地图上看，宁夏处于中国的几何中心，自南向北，自东向西一日可到达，便利的交通条件，为发展外向型优势特色产业奠定了基础。在公路交通方面，目前，宁夏基本形成了以高速公路、国省干线公路为主骨架，县际、县乡公路为脉络，外联毗邻省市、内通县乡的公路路网体系。截至 2020 年底，全区基本建成"三环四纵六横"高速公路网，是西部第 2 个、全国第 11 个县县通高速的省区；高速公路省际出口达到 12 个，京藏高速、青银高速、银百高速等"八纵八横"大通道通达宁夏全境，普通国道二级及以上比重达到 90% 以上，普通省道基本达到三级及以上标准，地级市综合客运枢纽全覆盖，公路货运量 34359 万吨。在铁路运输方面，随着银西高铁的开通，中兰高铁、包银高铁相继开工建设，宁夏已全面融入全国高速铁路网，截至 2020 年底，全区铁路运营里程 1645 公里，路网密度达 249 公里 / 万平方公里，较 2015 年提高 47%，铁路货运量 8633.61 万吨，较 2015 年增长 53.32%，铁路货运量占全区货运量的比重由 2015 年 12.8% 扩大到 2020 年 19.6%，通达率和实效性得到了极大的提升，我区优质农产品的运输途径也更加丰富便捷。同时，加强了与东部沿海港口合作，大力发展公铁海多式联运，争取稳定运营直达天津等港口点对点班列，畅通东向出海通道。参与了西部陆海新通道建设，推进了与西部陆海新通道主通道和核心区域紧密连接，逐步打通发南向出海通道。宁夏是第二条欧亚大陆桥的重要支点，向西开放的必经之路，具有承东启西，纵贯南北的区位优势。在"一带一路"沿线 6 个板块中，中亚是距离宁夏最近的一大板块。2013 年习近平总书记提出"一带一路"倡议以来，宁夏积极响应，全面部署推进。2016 年宁夏开通中亚国际货运班列，"十三五"期间，全区共发运国际货运班列近 200 列，进一步打通了宁夏西出、北进的国际物流通道，将宁夏优质农产品源源不断地送往中亚五国。

航空运输方面，宁夏已建成三座民用运输机场——银川河东国际机场、中卫沙坡头机场和固原六盘山机场，两个通用机场——盐池机场、月牙湖机场，基本形成了以银川河东国际机场为核心的"一干两支两通"的民用机场布局。目前，银川河东国际机场先后开通了银川至北京、上海、广州、深圳、西安、成都等 74 个国内城市，105 条国内航线，航空货运量 3.33 万吨。宁夏优质农产品如固原黄牛肉、盐池滩羊、宁夏菜心等均可通过早班航班在 2—4 h 内进入西安、北京、上海、广州、深圳、重庆、成都、郑州、昆明、济南、南昌等国内重点和华东、华中、华南区域中心城市的市场商超，3—6 h 进入市民的餐桌上，很大程度上满足了顾客的食用需求。除了面向国内市场，银川河东机场还开通了银川至迪拜、新加坡、芽庄、大阪 4 条国际航线，银川—香港、银川—台北 2 条地区航线。开辟了面向阿拉伯国家的"空中丝绸之路"，架起了宁夏牛肉、滩羊肉等特色优质农产品"走出去"的空中通道。

2020 年，宁夏各种运输方式完成货运量 44024.91 万吨，比 2015 年增长 0.6%；货物运输周转量 764.75 亿吨公里，增长 7.7%。全年全区旅客运输总量 0.38 亿人，旅客运输周转量 99.76 亿人公里。快递业务量达到 7317.77 万件，比 2015 年增长 227.87%，增速位居全国前列（见表 4-5）。物流规模稳步扩大，已成为我区新的经济增长点。

表4-5　2020年全区各种运输方式完成运输量及其增长速度

| 运输方式 | 货　物 | | | | 旅　客 | | | |
|---|---|---|---|---|---|---|---|---|
| | 运输总量 | | 运输周转量 | | 运输总量 | | 运输周转量 | |
| | 绝对值（万吨） | 比上年增长（%） | 绝对值（亿吨） | 比上年增长（%） | 绝对值（万人） | 比上年增长（%） | 绝对值（亿人公里） | 比上年增长（%） |
| 总计 | 44024.91 | 0.83 | 764.75 | 7.66 | 3807.64 | −37.50 | 99.76 | −37.09 |
| 铁路 | 8633.61 | 5.93 | 214.62 | 0.48 | 557.58 | −16.33 | 24.23 | −40.81 |
| 公路 | 34216.62 | −0.42 | 438.67 | 10.58 | 2902.38 | −40.38 | 28.22 | −38.66 |
| 航空 | 2.97 | −10.08 | 0.37 | −8.49 | 347.68 | −33.26 | 47.31 | −33.95 |
| 管道 | 1171.71 | 2.08 | 66.09 | 12.18 | — | — | — | — |

资料来源：宁夏回族自治区统计局

## 第二节　宁夏绿色、优质、安全农产品市场潜力分析

宁夏产区的枸杞、葡萄酒、牛羊肉、乳制品和瓜菜等农产品深受全国各地消费者的青睐和喜爱，无论是从口味、还是营养保健功效在国内外都具有一定知名度，市场前景广阔。随着经济持续稳定发展、居民收入水平不断提高、消费理念的转变，对农产品的营养功能、保健功能和优质、独特等个性化、多样化需求快速增加，以及各类产业政策的扶持，特色农产品将逐渐从区域性消费向全国性消费转变，从少数群体消费向全民性消费转变，从季节性消费向全年性消费转变，宁夏优质农产品的消费需求将会不断增加，未来具有较大的市场空间和发展潜力。

以枸杞为例，宁夏是枸杞道地产区，枸杞富含枸杞多糖、甜菜碱、胡萝卜素、维生素等人体必需的营养成分，具有促进和调节免

疫功能、保护肝脏和抗衰老三大药用价值，被国内外学者广泛认可。自《中华人民共和国药典》编纂出版以来，虽经 11 次修订，但始终把宁夏枸杞确定为唯一的入药基源植物。经过多年发展，宁夏已成为全国乃至全世界枸杞产业基础最好、生产要素最全、品牌优势最突出的核心产区。据统计数据显示，2021 年宁夏枸杞干果、酒类、功能性食品和中药饮片等枸杞及其衍生制品达十大类 90 余种，销售市场实现全国一二三线城市 100% 全覆盖，产品远销欧美等 50 多个国家和地区，平均年出口枸杞 5000 吨、出口额 6000 万美元以上，分别占全国枸杞年出口 9000 多吨、出口额 12000 万美元的 55.6% 和 50%，枸杞产业综合产值突破 250 亿元，到 2025 年枸杞产业综合产值预计突破 500 亿元左右，同比增长 50%。从我国枸杞进出口贸易发展趋势看，2011—2020 年，中国枸杞出口总量和出口总额分别为 10.32 万吨、9.05 亿美元，年均增长 10.5%、13%，出口均价年平均增长 3.4%。宁夏在全国各产区枸杞出口中，占比最大，份额最多，潜在的市场份额巨大，无可比拟。从国内消费市场看，一方面，随着社会整体消费水平和人们养生保健的意识日益增长，枸杞作为传统滋补类中药材和具有多重营养价值、保健功能的食品之一，特别是受健康中国战略与新冠疫情等的影响，枸杞药食同源的健康价值受到消费者追捧，市场需求保持稳定增长。另一方面，以枸杞为原料的各种加工产品的消费市场不断扩大，在药品、保健品、食品、饮品、化妆品、特膳特医食品等精深加工领域，对枸杞产品的消费持续扩大。2011—2020 年，枸杞消费量平均增长 9.7%。广东、北京、浙江、上海等消费市场及高端消费群体，对宁夏枸杞的消费量位居前列，特别是电商网络的普及，加上完善的国内物流体系，显著扩大了枸杞的消费市场。根据中国海关统计数据显示，2020年宁夏枸杞出口量为4469吨，同比增长13.8%；出口总额3937.4万美元，同比增长18.4%。

在市场需求的带动下，枸杞加工行业水平不断提高，枸杞工业产值呈现持续增长态势，国内出现一批具有产品特色和品牌优势的枸杞加工企业。其中宁夏作为国内枸杞种植和加工起步早的地区，已经形成了以中卫、银川两大市场为核心的枸杞生产和加工基地，例如百瑞源枸杞股份有限公司、早康枸杞股份有限公司、宁夏红枸杞产业集团公司等枸杞加工企业。随着市场竞争的加剧，不断拓展枸杞深加工业务的深度和广度，是枸杞加工行业未来的发展趋势，也是提升行业竞争力和利润水平的必然选择。未来枸杞产业要重点培育壮大龙头加工企业，助推中小企业向特色链条发展，进一步优化产业链分工，积极延伸产业链，发展高附加值产品，提升行业品牌效应。

中国葡萄酒潜力大，2020年人均葡萄酒消费量仅1.53升，远低于世界平均水平，发展潜力巨大。有数据显示，随着葡萄酒消费观念的变化和消费能力的提高，中国的葡萄酒消费正在以每年25%以上的速度增长。宁夏产区内随着优质葡萄园的建立和推广，葡萄酒专业背景的庄主增多，大量引进国际知名酿酒师、国外先进设备等，通过研发投入使其生产境况改善、种植技术提升、品种改良、酿酒工艺更加科学等，提高了不同价位葡萄酒的特色和口味。同时，产区内技术进步让酒庄酒产业需求弹性减低、边际收益增加，集群化的深入又再次拓展了市场规模，使产业规模效应更加显著，与同类型地区相比具有了个性化、高品质等优势，使其市场份额不断扩大。近几年，贺兰山东麓不停在世界及中国葡萄酒行业中亮相，成为行业、专家和媒体的焦点。综合本文之前的分析，中国宏观经济的发展，人均可支配收入的提高，消费需求的转变等使得越来越多中国精品酒庄葡萄酒精准消费客户的出现，与进入平缓期的国际市场相比，国内市场优势更明显。此外，还有众多其他发展机遇，例如国际贸易中人民币贸易本币计算、经济增长方式调整、"一带一路"倡议等都积极促进了中国精品酒庄酒成长，同时也使其具有了独特优势。2016年、2020年习近平总书记两次视察宁夏时，对贺兰山东麓葡萄酒产业给予很高评价，他指出"随着人们生活水平不断提高，葡萄酒产业大有前景。宁夏要把发展葡萄酒产业同加强黄河滩区治理、加强生态恢复结合起来，提高技术水平，增加文化内涵，加强宣传推介，打造自己的知名品牌，提高附加值和综合效益"，"未来宁夏葡萄酒产业一定大有前景，你们要坚持做下去"，"希望贺兰山东麓的葡萄酒，飘香全国、走向世界。假以时日，经过十年、二十年的努力，中国葡萄酒当惊世界殊！"习近平总书记的重要指示，为宁夏加快葡萄酒产业转型升级高质量发展指明了方向、注入了强劲动力，提供了根本遵循，极大鼓舞了宁夏大力发展葡萄酒产业的决心和信心。宁夏回族自治区党委和政府认真贯彻落实总书记重要指示精神，牢固树立和践行"绿水青山就是金山银山"的理念，坚持生态优先、绿色发展，以黄河流域生态保护和高质量发展为统领，立足贺兰山东麓区位优势和资源禀赋，大力推动葡萄酒产业发展，争取获批了国家葡萄及葡萄酒产业开放发展综合试验区、中国（宁夏）国际葡萄酒文化旅游博览会两个"国字号"平台，正积极探索具有宁夏特色的葡萄酒产业、旅游、文化融合发展之路。宁夏第十三次党代会把葡萄酒产业作为自治区"六特"产业之首来发展，明确提出打造"葡萄酒之都"的目标，力争将贺兰山东麓葡萄酒产业打造成先行区的先行产业。

在肉牛产业领域，随着我国经济的快速增长，城乡居民收入水平的不断提高，食品文化和饮食结构逐渐改善，人们开始意识到家庭饮食健康的关键所在，仅仅是猪肉产品不再能满足广大社会消费者的需要。牛肉低脂肪高蛋白，富含亚油酸、镁、铁、锌等矿物质，含有肉碱，维生素等物质，对人体健康非常有利。2019年我国牛肉产量为667万吨，同比增长3.56%。2019年我国牛肉消费量为832.93万吨，同比增长11.36%。据预测，2020年我国牛肉消费量将近900万吨，国内牛肉市场仍有较大缺口，随着实施肉牛标准化、规模化养殖来提高综合生产能力，政府扶持力度将进一步加大，并逐渐完善建立以牛羊肉加工业为核心，涵盖养殖、屠宰及精深加工、冷藏储运、批发配送、制品零售、设备制造及相关高等教育和科学研究的完整产业链，牛肉加工业的集约化、规模化及现代化水平将被逐渐提高，我国同国外发达国家肉牛养殖差距将进一步缩短。

在滩羊产业领域，我国是全球第一大羊肉生产国和消费国，随着居民生活水平的提高，羊肉消费正在从原来的季节性消费向日常食品消费转变，特别是夜市经济和外卖餐饮兴起以后，羊肉在餐饮业当中的地位正在越来越重要。尽管我国的羊肉产量呈现逐年增长态势，但是由于我国以农户小规模散养为主的肉羊饲养方式导致产量增长速度不能完全满足需求的增长。2012年我国羊肉产量为404.5万吨，需求量为416.4万吨，供需缺口为11.9万吨；2020年我国羊肉产量达492.31万吨，同比增长0.98%，供需缺口扩大至36.5万吨，供需缺口的扩大使得国内羊肉价格呈现逐年上涨趋势。受到2018年非洲猪瘟疫情的影响，猪肉价格飙升的同时也拉动了牛羊肉需求的提升，2020年我国肉羊出栏量达31941万头，羊肉成为我国消费量第四大的肉类。在科技创新推动、国家政策补贴保障以及市场高价拉动下，羊肉国内供给量整体将继续增加，但增幅不会非常明显，主要是因为产业结构调整速度较慢，且受肉羊饲养周期较长、环境资源约束等限制性因素的影响仍较显著。

宁夏滩羊作为畜牧业中的顶级产品之一，一直受到市场和人民的广泛关注。近些年来，宁夏滩羊的产量一直稳步提升，规模化进程逐步加快，到2019年宁夏饲养滩羊1142.2万只，比2010年增长27.7%。为了更准确分析预测宁夏优质滩羊的产量，我们利用Matlab软件运用BP神经网络模型对2022—2025年的滩羊产量进行合理预测研究。从宁夏统计年鉴中选择2013—2021年玉米产量、第一产业就业人数、支援农业支出、羊肉价格指数、30—60岁人口占比、养殖业总产值和人均消费羊肉量等影响滩羊产量的7个变量，利用Matlab软件运用BP神经网络模型对2022—2025年的滩羊产量进行合理预测（见表4-6）。

表 4-6　宁夏滩羊 2013—2021 年相关变量数据

| 年份 | 滩羊产量（万吨） | 玉米产量（万吨） | 第一产业就业人数（万人） | 支援农业支出（亿元） | 羊肉价格指数 | 30—60岁人口占比 | 养殖业总产值（亿元） | 人均消费羊肉（公斤/人） |
|---|---|---|---|---|---|---|---|---|
| 2013 | 8.7 | 206.243 | 147.3 | 149.39 | 110.53 | 0.718 | 129.32 | 3.8 |
| 2014 | 8.9 | 224.08 | 134.5 | 157.05 | 90.22 | 0.741 | 138.08 | 4 |
| 2015 | 9.3 | 226.882 | 125.5 | 166.27 | 82.63 | 0.739 | 135.28 | 5.4 |
| 2016 | 9.5 | 220.465 | 117.6 | 201.28 | 95.42 | 0.747 | 146.55 | 5.3 |
| 2017 | 9.9 | 214.873 | 106.3 | 222.39 | 113.00 | 0.75 | 155.68 | 4.7 |
| 2018 | 9.9 | 234.62 | 98.3 | 219.06 | 119.23 | 0.725 | 176.11 | 4.1 |
| 2019 | 10.4 | 230.468 | 90.6 | 218.16 | 109.82 | 0.731 | 197.82 | 4.1 |
| 2020 | 11.1 | 249.07 | 83.0 | 253.45 | 108.83 | 0.722 | 246.59 | 4.4 |
| 2021 | 11.5 | 240.46 | 73.76 | 264.88 | 111.82 | 0.72 | 290.33 | 4.37 |

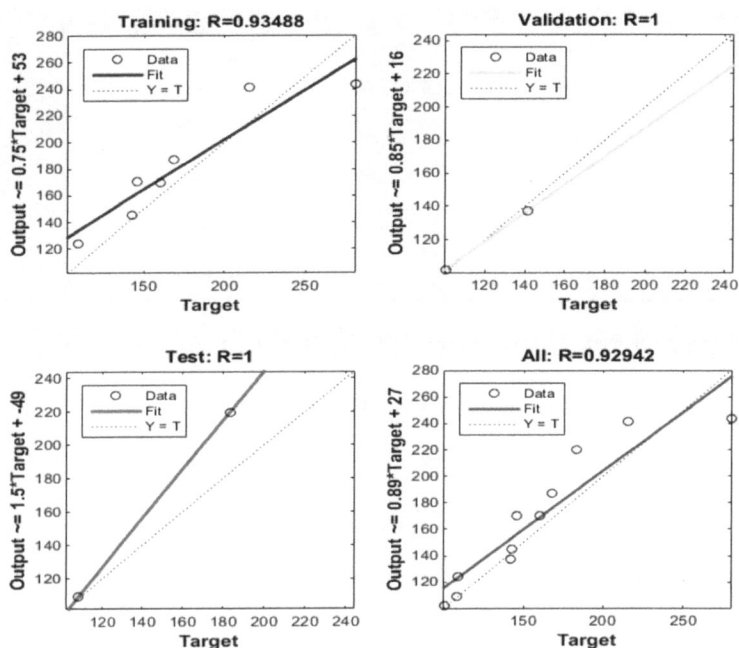

图 4-5　训练结果

BP 神经网络训练结果如图 4-5 所示。对于表 4-6 所指定的样本，BP 神经网络在测试集与训练集均能进行较好地拟合，样本拟合程度为 $R=0.93$。表明通过 BP 神经网络模型对于滩羊产量的预测结果有效。

预测结果表明，2025 年滩羊产量将达到 12.5 万吨，年均增长率为 2.23%，产量总体呈现稳步增长趋势（见表 4-7）。

滩羊产业发展从规模上还可适当扩大，从产业的前景上，应充分发挥品牌、政策和集散中心的优势，开展相关标准认证工作，对周边省区生产的符合相关标准和参数指标的滩羊肉授权使用"宁夏滩羊"品牌进行销售，以扩大产业规模。

表 4-7  滩羊产量预测结果

| 年份 | 滩羊产量（万吨） | 玉米产量（万吨） | 第一产业就业人数（万人） | 支援农业支出（亿元） | 羊肉价格指数 | 30—60岁人口占比 | 养殖业总产值（亿元） | 人均消费羊肉（公斤/人） |
|---|---|---|---|---|---|---|---|---|
| 2022 | 11.7 | 248.63 | 64.68 | 279.31 | 114.34 | 0.7226 | 336.73 | 4.37 |
| 2023 | 12.0 | 248.41 | 55.60 | 293.74 | 116.86 | 0.7219 | 383.13 | 4.38 |
| 2024 | 12.2 | 256.59 | 46.52 | 308.18 | 119.38 | 0.7212 | 429.54 | 4.38 |
| 2025 | 12.5 | 256.37 | 37.45 | 322.61 | 121.90 | 0.7205 | 475.94 | 4.39 |

在奶产业领域，中国乳制品消费量由 2014 年的 2290 万吨（人均 16.7 公斤）增至 2019 年的 3010 万吨（人均 21.5 公斤），并将进一步增长。从零售收入来看，2019 年中国乳制品市场收入达 4594 亿元。从市场构成来看，普通液态奶仍是最大的细分市场；其次是高端液态奶，2019 年市场占比达近 30%。液态奶市场仍存在较大缺口，宁夏奶产区的奶源优质，具有良好的声誉，使用宁夏的优质奶源生产的高端乳制品、奶粉、奶酪等产品具有较强的市场竞争优势，能够充分掌

握议价权，有效提升产业产值和企业收益。尽管我国城镇居民以及农村居民人均年乳制品消费支出、人均年鲜奶购买量、人均年酸奶购买量、人均年奶粉购买量都在逐年递增，但我国的乳制品人均消费量与世界平均水平仍具有较大差距，人均年消费水平较低，与日韩等亚洲较发达经济体也有较大差距。《国民经济和社会发展第十四个五年规划和 2035 年远景目标纲要》明确提出，要在 2035 年建成体育强国、健康中国，使国民素质达到新高度。宁夏优质奶源市场前景广阔，迎来了前所未有的发展机遇，必须要顺应发展规律，及早抢占先机，谋划发展蓝图。

西甜瓜产业方面，2014 年甜瓜需求量由 1116.72 万吨上升到 2019 年的 1370.3 万吨，同时随着需求量的变动，甜瓜的产量也随之快速增长，到 2019 年中国甜瓜产量已达 1355.7 万吨，仍表现出供不应求的现象（见图 4-6）。根据中国农业统计年鉴，2020 年宁夏瓜果占有量为 165 万吨，全国排名第 16 位；人均占有量 238.6 公斤 / 人，位列全国第一，在满足区内需求的同时，完全有能力向区外省市供应（见表 4-8）。

从以上数据可以得到启发，国内甜瓜市场潜力巨大，尽管宁夏面积小，但可以参照日本甜瓜生产模式，通过发展高端优质瓜果迅速占领国内以及国际市场。

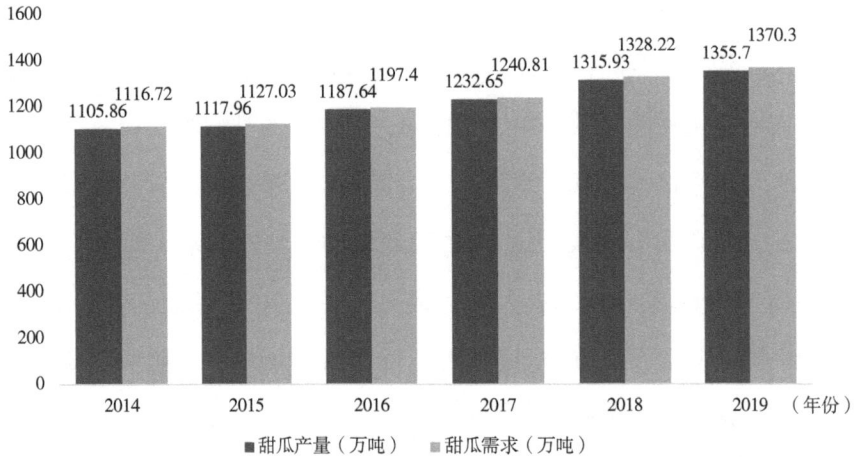

图 4-6　2014—2019 年中国甜瓜产量和需求量的变动情况

表 4-8　2019 年全国各地瓜果产量及人均占有量

| 地区 | 瓜果类总产量（万吨） | | 人均占有量（千克／人） | |
|---|---|---|---|---|
| | 指标值 | 位次 | 指标值 | 位次 |
| 全国 | 8363.1 | | 59.8 | |
| 北京 | 14.3 | 29 | 6.6 | 29 |
| 天津 | 21.7 | 27 | 13.9 | 24 |
| 河北 | 387.1 | 6 | 51.1 | 14 |
| 山西 | 54.5 | 25 | 14.6 | 23 |
| 内蒙古 | 230.2 | 13 | 90.7 | 7 |
| 辽宁 | 215.6 | 15 | 49.5 | 15 |
| 吉林 | 127.7 | 19 | 47.3 | 17 |
| 黑龙江 | 131.8 | 18 | 35 | 19 |
| 上海 | 20 | 28 | 8.2 | 28 |
| 江苏 | 661.4 | 3 | 82.1 | 8 |
| 浙江 | 283.7 | 10 | 49 | 16 |
| 安徽 | 355.9 | 7 | 56.1 | 13 |
| 福建 | 45.6 | 26 | 11.5 | 26 |
| 江西 | 219 | 14 | 47 | 18 |
| 山东 | 1100.5 | 2 | 109.4 | 5 |

续表

| 地区 | 瓜果类总产量（万吨） | | 人均占有量（千克/人） | |
|---|---|---|---|---|
| | 指标值 | 位次 | 指标值 | 位次 |
| 河南 | 1638.9 | 1 | 170.3 | 3 |
| 湖北 | 349.2 | 8 | 59 | 11 |
| 湖南 | 393 | 5 | 56.9 | 12 |
| 广东 | 124.2 | 20 | 10.9 | 27 |
| 广西 | 332 | 9 | 67.2 | 10 |
| 海南 | 123.2 | 21 | 131.2 | 4 |
| 重庆 | 60.5 | 23 | 19.4 | 21 |
| 四川 | 135.9 | 17 | 16.3 | 22 |
| 贵州 | 75.1 | 22 | 20.8 | 20 |
| 云南 | 57.6 | 24 | 11.9 | 25 |
| 西藏 | 0.4 | 31 | 1.2 | 31 |
| 陕西 | 279.4 | 11 | 72.2 | 9 |
| 甘肃 | 271.6 | 12 | 102.8 | 6 |
| 青海 | 2 | 30 | 3.4 | 30 |
| 宁夏 | 165 | 16 | 238.6 | 1 |
| 新疆 | 486 | 4 | 194 | 2 |

以网纹瓜为例，日本静冈网纹瓜素以昂贵著称，有人称其为"蜜瓜届的LV""水果中的劳斯莱斯"，瓜肉呈现半透明翡翠状，口感柔软多汁，甜度可达16度以上，其售价为130元/斤，在国内市场供不应求。尽管静冈瓜产自日本，但其品种却源自中国新疆，于一百多年前传入日本地区，后经不断改良，最终长成为外形漂亮、香甜无比，并拥有T字形瓜蒂的蜜瓜。该品种采用"一藤一瓜"的方法，在温室中精心培养成熟，并使用温泉热力保持大棚温度，故能全年生产出质量稳定的网纹蜜瓜。为了确保品质，每一枚静冈蜜瓜都会被打上检验者的名字和编号，消费者可据此溯源（见表4-9）。由此可知，生产全过程的高质量、标准化控制是生产优质农产品的重要因素。

表 4-9　日本官网区分静冈哈密瓜等级表

| 等级 | 内容 | 糖度 | 比率 |
|---|---|---|---|
| 富士印 | 外观完美无瑕，纹路细密饱满，约 1000 只哈密瓜中只能挑选出一只，可遇不可求 | 13—14 度以上 | 2% |
| 山印 | 纹路细密饱满，接近完美，产量较少通常用于送礼和水果店展示。需提前预订 | 13—14 度以上 | 25% |
| 白印 | 纹路均匀，产量较多，是日本主销级别 | 13—14 度以上 | 60% |
| 雪印 | 纹路稀疏，周边甜度达不到 13 度以上，通常用于制作料理店食品和切开销售 | | 8% |
| A 印 | 纹路稀疏，有明显的裂纹或损伤，通常用于二次加工制作零食、蛋糕、饮品 | | 5% |
| B 印 | | | |
| 无印 | | | |

　　2018 年，宁夏夏能集团建设 1500 亩大跨度连栋大棚，全程物联网监控种植优质莎妃蜜瓜。通过"六化一统"标准化生产（标准化育苗、标准化栽培、标准化水肥、标准化防控、标准化采收、标准化包装、统一品牌）—合格证保障—品牌化运营—附加值提高（2020 年莎妃品牌经浙江大学 CARD 中国农业品牌研究中心评估品牌价值 1690.26 万元）等手段提高蜜瓜品质。2020 年，2300 吨优质莎妃蜜瓜张贴"食用农产品合格证"标识，凭借香甜独特的自然风味进入了北京、上海、深圳等全国一二线城市大型连锁超市、生鲜门店、市场等，并通过"互联网 +"模式登录淘宝等大型电商平台，售价达 20 元 / 斤，成为全国网纹蜜瓜第一品牌。

　　随着中国经济发展模式由之前的高速发展模式转变为高质量增长模式，人民生活水平日益提高的同时，对于美好幸福生活的追求越来越趋向于高标准，对甜瓜的高品质需求量也随着时间会呈现快速上升趋势，蜜瓜市场前景广阔。宁夏在压砂瓜大面积减少、全区可耕地面积小的现实背景下，可大力发展高端优质蜜瓜产业，采用设施化栽培，集约化生产，及早布局优质蜜瓜产区，打造宁夏的"日本静冈"。

| 日本静冈蜜瓜 | 宁夏莎妃蜜瓜 |
| 日本静冈蜜瓜果肉 | 宁夏莎妃蜜瓜果肉 |

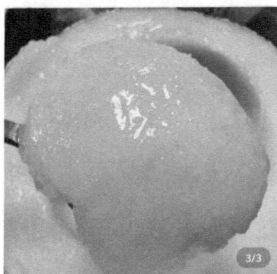

图4-7　日本的静冈蜜瓜与宁夏莎妃蜜瓜对比

综上所述，宁夏生产的葡萄酒、枸杞、牛奶、牛肉和滩羊肉、瓜菜等优质农产品在本地区及国内外均具有较好声誉，也具有较强的市场竞争优势、巨大的发展潜力和市场前景广阔。随着我国经济的进一步发展，人均可支配收入继续提高，消费需求和观念的持续转变，优质农产品的生产只要顺应时代发展规律，把握发展机遇，抢占发展先机，谋划好发展蓝图，即使在激烈的市场竞争中也一定能闯出一片天地。

# 第五章　把宁夏打造成全国绿色、优质、安全农产品产区的总体思路和战略定位

　　宁夏农业发展取得重大成就，总体上告别农产品数量短缺时代。但宁夏正处于农业现代化增效提档阶段，发展质量不高仍然是新时代社会主要矛盾的主要方面，农业粗放发展方式依然未能实现根本性转变，关键性资源与生态环境"紧箍咒"对农业约束日益趋紧。如何在"创新、协调、绿色、开放、共享"新发展理念指导下，立足资源禀赋和产业优势特色，构建宁夏绿色、优质、安全农产品产区，推行绿色生产方式和生活方式，促进农业农村发展由过度依赖资源消耗、主要满足数量需求，向追求绿色生态可持续、更注重满足质量需求转变，是新常态下必须解决的关键问题。

# 第一节　总体思路

## 一、在发展定位上

宁夏农业在开放与市场化过程中应兼顾农业的产品性指向与功能性指向。产品性指向农业形态的竞争策略是优胜劣汰，功能性指向农业形态的竞争策略则是独善其身。国际农业发展经验表明，靠资源优势和技术优势获取竞争力均难以持久，资源比较优势陷阱与技术投资锁定效应均影响竞争优势的可持续性；而在资源禀赋约束下开发功能性，通过价值链功能拓展获取的竞争力则更具可持续性。宁夏农业竞争力的获取方式不可能仅是产品型竞争，更要追求功能性拓展。宁夏农产品生产已进入高成本时代，因此，推进一二三产融合发展，以绿色优质生态为指引，以功能开发为主导的安全策略是宁夏未来农业发展的主要方向，也是农业绿色发展必然之路。

## 二、在发展策略上

宁夏农业应从低成本策略向差异化策略转变。宁夏面临的现实，一方面是资源约束趋紧，另一方面是市场已从追求产品数量转向追求品质。因此，通过先进技术与要素替代降低农业资源成本的同时，开发价值链功能获取差异化竞争力更易取得成功，由此将催生追求分工组织化、产品精细化、市场高端化的差异化策略。实施差异化策略，必须依托资源禀赋和产业优势特色，采用先进科技和生产组织方式，以营养、健康、休闲、文化等功能拓展为新的增长点，推进标准化、特色化、生态化、品牌化生产，因地制宜地提供特而专、新而奇、精而美的农产品与功能性服务，做强、做特、做精并做大差异化优质农产品市场。

## 三、在模式选择上

从"产品性指向 + 低成本竞争"转向"功能性指向 + 差异化竞争"，实施功能性差异化为导向的发展模式。在构建宁夏绿色、优质、安全农产品产区上，依托优异的资源禀赋，采用先进科技和生产组织方式，推进标准化、特色化、生态化、品牌化生产，以营养、健康、休闲、文化等功能拓展为新的增长点。

## 四、在布局思路上

立足宁夏资源禀赋，以建设黄河流域生态保护和高质量发展先行区为统领，以推动高质量发展为目标，以创建国家农业绿色发展先行区为载体，以发挥区域优势、优化产业布局、改善生态环境为主线，聚焦葡萄酒、枸杞、牛奶、肉牛、滩羊、冷凉蔬菜等自治区"六特"产业，因地制宜地强化每个优势特色产业主体功能区，强化科技创新，强化"三品一标"的实施，加快构建现代农业产业体系、生产体系、经营体系，形成集研发、种养、加工、营销、文化、生态为一体的现代农业全产业链，推动产业向高端化、绿色化、智能化、融合化方向发展，努力实现卖原料向卖产品、小产业向全链条、创品牌向创标准转变，在增品种、提品质、创品牌上实现新突破，让宁夏更多更好的优质特色农产品走向市场。

## 五、在实施方略上

应从广度、深度与高度上开展农业绿色优质安全发展的战略谋划，一是在广度上优结构。按照全产业链开发、全价值链提升的思路，在已有的基础上，着力打造结构合理、链条完整、优势突出、效益显著的重点产业集群，大力发展农产品精深加工，打造绿色食品加工优势区，推动产业链、价值链、创新链、供应链加快构建、同步提升，形成以绿色食品加工引领现代农业产业发展的新格局。突破以种养为主的产业发展模式，拉长产业链，以二产带一产促三产，加快产业转型升级，使之成为推进乡村振兴的新支撑、农业转型发展的新亮点和产业融合发展的新载体。二是在深度上提品质。以农业科技创新为驱动，不断发掘资源和产品的功能潜力，实行"初级生产—生物加工—经济加工—经济精加工"的功能深化开发，突破低层次产品生产结构，形成绿色发展的"小产区、大农业"新产业、新业态。三是在高度上拓功能。农业除提供物质产品消费需求外，还通过对自然的利用、改造与配置，为人们提供生态景观与精神消费品，将资源表面自然力的原始利用，推进至资源、产品、景观、健康、文化的全面立体开发，突破低水平资源利用结构。《乡村振兴战略规划（2018—2022 年）》中提出"深入发掘农业农村的生态涵养、休闲观光、文化体验、健康养老等多种功能和多重价值。遵循市场规律，推动乡村资源全域化整合、多元化增值，增强地方特色产品时代感和竞争力，形成新的消费热点，增加乡村生态产品和服务供给"。因此，拓展和延伸农业的多功能性具有重要作用。从休闲、科普、观光、生态文化功能中挖掘农业的深层次价值，而农业的历史、文化及自然禀赋，恰恰是农产品区域品牌建设的价值源泉。

## 第二节 战略定位

对于构建宁夏绿色、优质、安全农产品产区的战略定位，要从发展阶段、产业基础和市场上思考，进而探索出适合自己发展的路径。

### 一、产区发展阶段定位

2020 年习近平总书记视察宁夏时赋予宁夏"努力建设黄河流域生态保护和高质量发展先行区"的历史重任。自治区提出要建设国家农业绿色发展先行区，这是宁夏当前和今后发展最重大的战略定位。锚定这一重大战略定位，加快建立现代农业产业体系、生产体系、经营体系，让宁夏更多特色农产品走向市场，因而建设宁夏绿色、优质、安全农产品产区是落实和推动先行区建设的具体步骤和抓手。通过建设宁夏绿色、优质、安全农产品产区，以推动高质量发展为目标，优化农业生产资源的配置效率，强化绿色优质农产品生产，构建具有宁夏优势特色的标准体系、生产体系、管理体系和经营体系，先行先试，打造全产业链标准化绿色生产模式，提高农产品质量和绿色营养价值，提升宁夏优质农产品的市场竞争力。同时，为同类型地区推进特色农业高质量发展提供示范和借鉴。

## 二、产区发展方向定位

宁夏面积6.64万平方公里，可用耕地面积仅113万多公顷，与国内其他省区相比，农业优势特色产业规模小、发展时间短，尚没有形成一条完整的农产品加工产业链条，农产品附加值低，产业比较效益差。要建设宁夏绿色、优质、安全农产品产区，做强、做优、做大特色产业就必须在品牌上下功夫，在农产品深加工延长产业链上下功夫，在全产业链标准化生产体系构建上下功夫，在落实"一控两减三基本"措施上下功夫，通过品牌带动标准体系构建、推动农产品加工产业发展，以农产品加工产业的发展带动相关优势特色产业持续健康高质量发展。因此，必须要更加注重农产品加工的产业链的延长，更加注重加工产业科技创新和加工企业的扶持，精心培育好龙头企业，构建完善的农产品加工体系，使得农产品从生产种植到产品的精细加工形成一条完整的深加工产业链，提高农产品附加值，提升农业产业经济效益。必须要更加注重品牌建设，品牌强盛是产业兴旺的标志。要充分发挥好中国"枸杞之乡""滩羊之乡""甘草之乡""硒砂瓜之乡""马铃薯之乡"品牌优势，坚持"高品质、高效益、高效率"的发展思路，构建宁夏优势特色产业标准体系、绿色防控体系、质量检验检测体系，制定品牌标准体系、监管体系、知识产权保护体系等，充分挖掘品牌内涵和农业历史文化，研究设计特色农产品整体品牌形象标识、图案卡通、广告语、创意包装等，加大宣传推介力度，提升"宁夏枸杞""中宁枸杞""盐池滩羊""贺兰山东麓葡萄酒""宁夏大米""宁夏菜心""灵武长红枣"等已有区域公用品牌的价值和地位，培育"宁夏牛奶""六盘山牛肉"等一批宁夏农产品区域公用品牌,切实让公众认识到宁夏农产品"品牌"就是"优质","优质"就是"品牌"的代名词。把宁夏"原字号""老字号""宁字号"农产品扩规上档,注入文化、生态、优质、现代营销、服务等新内容,提升活力,形成宁夏农业与文化、旅游有机结合的品牌模式,提升品牌溢价效益。到2027年,将宁夏打造成为全国最优质、最绿色、最安全的农产品产区,把"葡萄酒之都""枸杞之乡""滩羊之乡""高端奶之乡"的品牌擦得更靓,建成全国重要的绿色食品生产基地。

——中国枸杞之乡。突出"宁夏枸杞贵在道地"战略定位,道地是宁夏枸杞的品牌灵魂。要充分发挥宁夏枸杞道地产区优势,做实一产、做强二产、做优三产,实现三产融合新突破,加快构建现代枸杞产业标准体系、病虫害绿色防控体系、质量检验检测体系和产品溯源体系,实施龙头强杞、科技兴杞、品牌立杞和文化活杞工程,抓好质量安全,鼓励生产经营主体开展绿色食品、有机食品、GAP、GMP、HACCP等质量认证,加快生产、加工、物流、营销、服务等全产业链标准化的普及应用,把宁夏建设成为我国枸杞标准制定发布中心、精深加工中心、科技研发中心、市场交易中心和文化传播中心,唱响"中国枸杞之乡",推动宁夏枸杞产业高质量发展。

——世界一流品质葡萄酒产区。突出"世界葡萄酒之都""中国中高端葡萄酒庄酒产区""中国最优质酿酒葡萄生产基地"的战略定位,以国家葡萄及葡萄酒产业开放发展综合试验区为抓手,按照"前延后伸、横向融合,全产业链竞争"的要求,强基础、填空白、补短板、强弱项,加快延长和夯实葡萄酒产业链、供应链、服务链、利益链和价值链，增强全产业链竞争力。完善苗木三级繁育体系、葡萄种植体系、葡萄酒生产体系，加强贺兰山东麓产区技术、标准推广和质量认证，健全完善技术标准、管理法规，完善产区质量检验检测体系，建设大数据中心，推动建立"一瓶一码"追溯体系，规范葡萄酒种植、生产、经营秩序，保障贺兰山东麓葡萄酒质量和品牌信誉，促进产业健康有序发展，将贺兰山东麓打造成世界一流品质的葡萄酒产区。

——中国高端乳制品生产基地。以高产高效、优质安全、绿色发展为目标，打造国内领先的高端乳制品加工基地和中国高端奶之乡、国际一流的优质奶源生产基地。按照品种良种化、生产规模化、养殖设施化、管理规范化、防疫制度化、粪污处理资源化、信息数据化"七化同步"要求，推进现有养殖场改造升级和新建养殖场基础设施建设，着力提高圈舍、挤奶、防疫、质量检测等配套设施设备的标准化和信息化水平。大力开展奶牛选育、疫病防控、绿色养殖等关键技术研发与应用推广，提升养殖技术标准化水平，打造中国最安全"黄金奶源地"。

——中国优质肉牛良种繁育基地和高端牛肉生产基地。坚持"优质＋高端"双轮驱动，进一步优化产业布局，扩大产业规模，提高综合效益。参照《农业部畜禽标准化示范场管理办法（试行）》，以规模养殖为基础，以标准化生产为核心，在场址布局、畜禽舍建设、生产设施配备、良种选择、投入品使用、卫生防疫、粪污处理等方面严格执行法律法规和相关标准，严格执行牛羊定点屠宰管理制度，按规定要求出场入市，建立并落实驻厂官方兽医，并制定切实有效的方法将屠宰企业废弃物实行无害化处理，严把兽用抗菌药综合治理关。建立完善肉牛良种繁育、饲草料加工调制、标准化养殖、标准化养殖场建设、胴体分割加工、疫病防控等标准，提高良种、饲养、加工、销售等关键环节标准化水平，推进生产标准化，完善标准体系，加快养殖场升级改造和标准化建设。

——中国滩羊之乡。按照"品种良种化、生产规模化、养殖设施化、管理规范化、防疫制度化、粪污处理无害化、信息数据化"要求，完善生产技术标准体系，全面提高滩羊养殖标准化水平。健全全产业链质量安全监管机制，加强基层防疫检疫标准化、规范化建设，全面提升动物疫病防控综合能力和动物产品质量安全监管水平，完善溯源体系和优质优价体系，做强"盐池滩羊"品牌，加强品牌保护和联合应用，加快"中国滩羊之乡"建设。

——最优质冷凉蔬菜基地。立足粤港澳大湾区、长三角经济带、京津冀都市圈等目标市场需求，围绕"设施蔬菜、露地冷凉蔬菜、西甜瓜"三大产业，培育产业大县，大力推广绿色标准化生产技术，打造成高品质蔬菜生产基地。加快推进瓜菜生产、流通、质量安全体系建设，加强新技术、新品种、新模式、新装备在瓜菜产业上的应用和推广，不断优化区域结构、产业结构、品种结构，完善冷链物流体系，强化品牌营销，促进设施蔬菜、露地冷凉蔬菜、西甜瓜三大产业的高质量发展，让宁夏瓜菜产业保持更加健康、安全、稳定的发展态势。

# 第三节　发展目标

## 一、成为提供高质量农产品的绿色发展先行区的样板区

打造成为全国最绿色、最优质、最安全的农产品产区，示范性效应主要表现为四个方面。第一，以多模式转变农业生产方式。坚持生态优先的基本原则，大力发展循环经济，探索一条既保护生态又实现农业经济内生增长、促进农民增收和农村社会发展的农业生产模式，充分发挥宁夏资源禀赋的优势，为全国农业转变生产方式提供示范和经验借鉴。第二，以多途径促进农业结构转型升级。优化产业与产品结构、完善组织模式、优化生产经营方式、转变经济价值实现机制，为促进农业结构转型升级提供示范与经验借鉴。第三，引入现代生产要素，改造、提升传统农业。在引入现代生产要素改造传统农业方面，促进农业转变生产方式，优化和升级产业结构等方面，要成为宁夏经济发展的示范。第四，以多种机制促进城乡统筹发展。综合运用市场手段与财政金融等经济政策，深化农村综合改革，用市民、公民理念再造农民，促进生产要素在城乡之间的有序、双向流动，用现代生产要素改造传统农业，实现城乡利益的互动和共享发展成果，现代政治文明社会建设农村社会，促进城乡统筹发展，在实现城乡一体化、建设社会主义新农村等方面，发挥示范带动作用、提供经验借鉴。

## 二、成为推进现代农业生产体系创新的示范样板区

农产品全产业链指贯穿农产品从农田到上市销售前各环节，涵盖产前、产中、产后全要素的完整链条的有机整体，主要包括产地环境、品种选育、种苗繁育、种养殖管理、投入品使用、病虫害（疫病）防治、产后初加工、质量分级、包装标识和贮运保鲜等过程要素。农产品质量标准是农业标准体系的核心，是保障农业现代化健康发展的基础。推进农产品质量安全与优质化是确保农产品"安全、优质、营养、健康"的基础。宁夏具有良好的资源禀赋，光热资源丰富，昼夜温差大，有黄河水灌溉之便利，是生产优质农产品最佳产区。"十一五"以来，宁夏农业优势特色产业发展较快，产业基础条件得到极大改善，规模和经济效益凸显。进入"十四五"后，随着产业发展环境及产业自身发展情况的变化，农业优势特色产业要实现高质量可持续发展，就必须提高农产品的市场竞争力。因此，加快建立健全农业标准体系和农业质量监督体系是实现农业优质高效可持续目标的重要措施。按现代产业体系要求，围绕枸杞、葡萄酒、滩羊、肉牛、牛奶、瓜菜产业，在产业核心区创建6个自治区级优质农产品生产示范区，以推动农产品绿色化、特色化、优质化、品牌化发展为目标，梳理现有各层级标准，有标贯标，缺标补标，低标提标，健全优化一批提质导向的绿色标准，制修订一批带动产业升级的优质标准，研发一批引领健康消费的营养标准，充分发挥标准在农业高质量发展过程中的基础支撑作用，构建以产品为主线、质量控制为核心的农产品全产业链标准体系，强化全产业链标准集成应用，打造一批标准化

带动农产品质量提升、产业转型升级的示范样板。编制农产品全产业链标准体系表，加快产地环境、产品加工、储运保鲜、包装标识、分等分级等关键环节急需标准的制修订，把产前、产中、产后各环节纳入标准化生产和管理的轨道，逐步建成布局合理、指标科学、协调配套的全产业链标准体系，并转化为简便易懂的生产模式图、操作明白纸和风险管控手册，确保生产经营主体识标、懂标、用标，推动提升农产品质量安全水平。规范和实行农产品认证和市场准入制度；将绿色发展理念与产业规模化经营融为一体，产区严格按照优质农产品、绿色食品、有机食品的相关标准进行生产，形成以特色农产品生产、加工、流通、销售产业链为基础，集优质生产、科技创新、休闲观光等三产融合互动发展的特色农业产业集群，打造"宁夏第一、中国有名"的优质农产品优势区，进而推动形成自治区级优质农产品产区生产技术标准体系，基本覆盖宁夏特色优质农产品主产区，以此为核心引领带动整个特色优质优势产业做大做强，把宁夏打造成优质农产品标准制定发布中心、精深加工中心、科技研发中心、文化传播中心、市场交易中心，推动农业供给侧结构调整和农民增收。

## 三、成为推进优质农业经营体系创新的示范样板区

具有优势特色的产品商标可以为农产品市场竞争力的提高添砖加瓦，农产品向更绿色、更优质、更安全、更出名方向的发展是产业化发展的必然选择。具有品牌的产品在市场经济中的表现更好，越来越多的消费者开始认准名优品牌的产品，做大做好具有品牌效应的农产品，可以在市场竞争中获得绝对的主动权，所以对于农业优势特色产

业来说，推进实施品牌战略是亟待重视的发展方向。通过优质农产品产区核心区建设，实现产业规模化、标准化、品牌化建设，推进农业绿色高效发展，培育壮大农业产业化龙头企业等新型农业经营主体，完善现代农业经营体系，提升农产品精深加工水平，进一步完善市场流通体系，构建多载体、多层次、多渠道营销网络，发展农村电子商务，推动农产品产销网上衔接，引导农业企业和行业组织进一步树立品牌意识，按照农业产业转型升级的要求，明确品牌的培育目标，构建不同农业企业品牌和区域品牌等多层次的品牌体系。政府从资金、税收、金融等方面大力扶持特色农产品品牌建设和对现有名牌进行保护。农业品牌建设是复杂的系统工程，涉及生产全过程、产业各环节和广大市场主体，需要全社会的共同关注、共同支持、共同行动。以品牌建设为引领，将其贯穿农业供给侧结构性改革全过程、各环节，打通农业生产、加工、流通、销售全产业链，带动全产业链标准化，带动优质优价。

## 四、成为巩固拓展脱贫攻坚成果同乡村振兴有效衔接的示范样板区

推进乡村振兴，产业振兴是关键，也是促进农民就业增收的重要渠道。宁夏回族自治区第十三次党代会提出，深入实施特色农业提质计划，大力发展葡萄酒、枸杞、牛奶、肉牛、滩羊、冷凉蔬菜"六特"产业，推进农业现代化增效提档，做实做强特色现代农业。在发展葡萄酒产业方面，坚持大产区、大产业发展思路，充分利用国内国际大市场，推进国家葡萄及葡萄酒产业开放发展综合试验区建设，打

造世界葡萄酒之都。到 2027 年，酿酒葡萄基地规模达到 6.67 万公顷，实现葡萄酒产业综合产值 1000 亿元。在发展枸杞产业方面，创建国家农业现代化示范区，进一步擦靓"枸杞之乡"品牌，到 2027 年，实现枸杞产业综合产值突破 500 亿元。在发展牛奶产业方面，坚持高产高效、优质安全、绿色发展，持续优化产业布局，拓展市场容量，把我区打造成中国"高端奶之乡"，到 2027 年，全区奶牛存栏 100 万头，实现全产业链产值 1100 亿元。在发展肉牛产业方面，推进肉牛良种繁育体系建设，加快打造全国肉牛良种繁育基地，到 2027 年，全区肉牛饲养量达到 270 万头，实现全产业链产值 620 亿元。在发展滩羊产业方面，突出高端化、标准化、品牌化，重点抓好规模养殖、良种繁育、品质打造，做强"滩羊之乡"品牌。到 2027 年，全区滩羊饲养量达到 1770 万只，实现全产业链产值 400 亿元。在发展冷凉蔬菜产业方面，按照一县一业、多县一业思路，逐步提升集聚效应。到 2027 年，全区蔬菜面积达到 20 万公顷以上，总产量达 700 万吨以上。为此，要对标对表自治区发展"六特"产业定下了新的目标和任务，以打造优质农产品产区为抓手，全力推进宁夏农业优势特色产业实现既定发展目标，助推宁夏农业高质量发展。

# 第六章　把宁夏打造成全国绿色、优质、安全农产品产区的路径选择

## 第一节　推进宁夏绿色、优质、安全农产品产区现代农业体系构建

建设现代农业产业体系、生产体系、经营体系，是现代农业内在特质和发展规律的全面体现。产业体系是现代农业的结构骨架，生产体系是现代农业的动力支撑，经营体系是现代农业的运行保障。产业体系和生产体系体现的是生产力的要求，经营体系体现的是生产关系的要求。从发达国家现代农业发展实践看，各国现代农业发展道路和模式尽管不尽相同，但现代农业建设在内容上无不包含了产业体系、生产体系、经营体系"三个体系"。因此，加快推进现代农业体系构建是打造宁夏绿色、优质、安全农产品产区的必由之路。

## 一、加快构建和完善现代农业产业体系

农业产业体系是衡量农业整体素质和竞争力的主要标志。构建现代农业产业体系就要从农业是单一种养的传统概念中解脱出来，把产业链、价值链、利益链等现代产业组织方式引入农业，打造全面的产业链；就要在稳定粮食生产能力、确保国家粮食安全，特别是口粮绝对安全基础上，积极优化调整农业产业结构，大力发展高附加值、高品质的农产品生产。把提高农产品品质和附加值作为农业生产的主攻方向，实现农业生产由主要追求产品数量向更加重视产品品质提高、更加重视生态可持续发展方向转变，使农业生产在农产品数量、品质、生态三个方面都能满足人民日益增长的美好生活需要；要不断优化农业区域布局，根据资源比较优势发展农业生产，形成区域专业化的生产布局；要积极延伸拓展农业产业链条，一产往后延，二产两头连，三产走精端，培育以种养为基础、以农产品加工为纽带、以商贸物流为支撑的产业形态，打造从"良田"到"餐桌"的全产业链模式。大力发展农产品加工和流通业，发展农业社会化服务业，按照全产业链开发、全价值链提升的思路，着力打造结构合理、链条完整、优势突出、效益显著的重点产业集群，推进产业转型升级和一二三产业融合发展，实现种养加、产供销、农旅文、一二三产业多元融合，从而进一步提高农业产业的整体竞争力，提升品牌溢价力，促进现代农业产业高质量发展。

（一）进一步优化调整农业产业结构

立足资源禀赋、产业基础、发展潜力、环境承载能力和自然地

理格局，围绕葡萄酒、枸杞、奶产业、肉牛、滩羊、蔬菜、粮食等优势特色产业，优化农业主体功能和空间布局，努力构建布局合理、功能明确、集聚发展、科学适度有序的农业空间布局。葡萄酒产业以贺兰山东麓葡萄酒地理标志产品保护区范围为核心，以西夏、金凤、永宁、贺兰、红寺堡、青铜峡、大武口、沙坡头等12个县（市、区）和黄羊滩、玉泉营、平吉堡、连湖、暖泉、贺兰山等6个国有农场为重点，形成"32521"产业布局。在海拔1200米以上建设优质高端干白原料基地，在海拔1200米以下建设优质高端干红原料基地。做强金山、镇北堡、玉泉营、鸽子山、肖家窑5大酒庄集群。培育20家龙头酒庄企业和10个世界级葡萄酒品牌。枸杞产业，巩固"一核两带"产业发展格局，突出中宁县核心区地位。奶产业，依托资源禀赋和产业基础，引导奶牛养殖向饲草料丰富、生态容量大的优势区域集聚发展。巩固提升以兴庆、西夏、贺兰、永宁、惠农、利通、青铜峡、沙坡头、中宁等9个县（市、区）为主的奶牛养殖核心区，加快建设灵武、平罗、盐池、红寺堡、海原等5个县（区）的发展区，围绕奶牛养殖聚集区，大力推进优质饲草料种植基地建设和奶牛养殖配套衔接。肉牛产业，重点打造原州、西吉、隆德、泾源、彭阳、海原、同心、红寺堡等中南部地区8个县（区）优质肉牛产区和以平罗、永宁、灵武、青铜峡、中宁、沙坡头等6个县（市、区）为主的引黄灌区优质肉牛产区，发展肉牛高效育肥和优质牛肉生产。滩羊产业，重点打造滩羊核心区，包括盐池、同心、红寺堡、海原、灵武等5个县（市、区）和滩羊改良区，包括平罗、利通、中宁、沙坡头、惠农、原州、西吉、彭阳等8个县（区）。蔬菜产业，按照"一县一业、多县一业"的思路，做大优势产品规模，实现集聚效应。设施蔬菜以引黄灌区和南部山区为主；露地冷凉蔬菜以引黄灌区和南部山区为主；西甜瓜以引黄灌区和中部干旱带为主。坚定不移推进农业供给侧结构性改革，推动产业提质增效，推进产业高端化、绿色化、智能化、融合化发展，形成质量高、效益好、竞争力强的宁夏特色农业供给体系。

（二）打造高水平优质农产品供给保障体系

坚定不移推进农业供给侧结构性改革，在巩固提高粮食生产保障能力的基础上，推动葡萄酒、枸杞、牛奶、牛羊肉、蔬菜等产业的提质增效、保供增收，推进产业高端化、绿色化、智能化、融合化发展，形成质量高、效益好、竞争力强的宁夏特色优质农产品供给体系。枸杞产业以发展现代枸杞产业为目标，突出"中国枸杞之乡"战略定位，构建现代枸杞产业标准、绿色防控、检验检测、产品溯源"四大体系"，重点实施基地稳杞、龙头强杞、科技兴杞、质量保杞、品牌立杞、文化活杞"六大工程"。葡萄酒产业以宁夏国家葡萄及葡萄酒产业开放发展综合试验区为载体，高标准打造优质酿酒葡萄基地，推进整体连片规模发展，全面提升源头品质；培育壮大经营主体，提升企业创新能力，增加多元产品供给，创新推进市场营销；推动葡萄酒与文化、康养、教育、生态等产业深度融合发展，培育全产业链竞争新动能；打造数字化葡萄酒产业，实施产区品牌升级工程，全面提升标准化水平，打响贺兰山东麓产区品牌。奶产业以高产高效、优质安全、绿色发展为目标，推进规模化经营，扩大奶牛养殖规模；加强养殖基地和养殖场标准化、数字化建设，推广标准化养殖技术，保障乳品质量安全；推进产业化发展，支持乳制品加工企业做大做强，打造国内领先的高端乳制品加工基地和中国高端奶之乡、国际一流的优质奶源生产基地。肉牛产业坚持"优质＋高端"双轮驱动，进一步优化产业布局，扩大产业规模，提高综合效益，全力打造全国优质肉牛良种繁育基地和高端牛肉生产基地。推进经营规模化，培育养殖大户、家庭牧场、合作社、规模养殖场等新型经营主体；推进生产标准化，完善标准体系，加快养殖场升级改造和标准化建设，加强良繁基地建设，加大技术集成应用，加大产销衔接力度，提升品牌效益。滩羊产业以供给侧结构性改革为主线，以促进农民增收为核心，推进规模化经营、标准化生产、产业化发展，强化良种繁育基地建设，加强质量安全监管，完善溯源体系和优质优价体系，做强"盐池滩羊"品牌，加强品牌保护和联合应用，全面提高滩羊产业发展质量效益和竞争力。蔬菜产业立足粤港澳大湾区、长三角经济带、京津冀都市圈等目标市场需求，围绕设施蔬菜、露地冷凉蔬菜、西甜瓜三大产业，培育产业大县，大力推广绿色标准化生产技术，打造成高品质蔬菜生产基地。建设蔬菜集配中心，完善冷链物流体系，强化品牌营销，提升蔬菜产业质量效益和竞争力。

（三）延伸产业链

按照前延后伸、横向融合、全产业链发展的总体要求，强基础、补短板、强弱项，延长和夯实优势特色产业产业链，大力发展农产品加工业，统筹推进农产品初加工、精深加工、综合利用加工和主食加工协调发展，推进农产品多元化开发、多层次利用、多环节增值。因地制宜开展农产品产地初加工，加强贮藏窖、冷藏库和烘干房等产地初加工设施建设，支持农业企业提升农产品加工转化和贮藏保鲜能力，支持发展适合家庭农场和农民专业合作社经营的农产品初加工，实现减损增效。大力引进和培育加工龙头企业，提升农产品精深加工水平，重点围绕葡萄、枸杞、牛羊肉、蔬菜、粮油等农产品，发展农产品精深加工，开发一批即食性、功能性精深加工产品，打造绿色食品加工优势区，加快推进食品加工产业化和现代化进程；推进加工副产物循环、全值、梯次利用，实现变废为宝、化害为利，推动形成以绿色农产品加工引领现代农业产业发展的新格局。争取实现自治区确定的到 2025 年，全区农产品加工转化率达到 80% 以上，农产品加工业产值与农业总产值的比值达到 2.5∶1。

（四）贯通销售链

进一步完善市场流通体系，加快建设完善农产品骨干冷链物流基地、农产品批发市场、集贸市场和田头市场，健全县乡村三级物流配送体系，构建多载体、多层次、多渠道营销网络，引进、培育农产品流通主体，支持流通企业拓展产业链条。促进生产加工企业与国内大型物流公司合作，建立第三方物流仓储中心，培育具备专业知识和设备的产品物流企业，降低物流成本。利用电子商务等新型销售手段，结合原有零售、展销、直播等销售模式，加强宁夏优质特色农产品销售网络体系建设。鼓励建设宁夏特色农产品专卖店或体验店，拓展特色农产品营销渠道。加大产品宣传推介力度，建立订单生产、冷链配送、定向销售的产销衔接渠道。强化线上线下全方位营销策划、布局和广告宣传，使宁夏优质特色农产品走向全国、销向海外。

## （五）拓展功能链

利用现代农业的生产性、观光性、娱乐性、参与性、文化性、市场性，横向拓展产业链，使农业从单一的农产品生产向休闲、健康、生态保护、旅游、文化、教育等领域扩展，充分发掘农业多种功能和乡村多重价值，催生新产业新业态，搭建新平台新载体，"拓"出农业新业态。一要大力发展休闲农业和乡村旅游业。立足资源、文化、产业基础，深入挖掘农村丰富的文物遗址、古村古镇、历史传说、传统工艺、乡风民俗、农耕文化、田园景观等资源，推进农业与休闲、教育、科普、文化等功能融合，发展以农耕文化为魂、田园风光为韵、村落民宅为形、生态农业为本的乡村旅游，积极开发生态观光游、康体养生游、农耕体验游、休闲度假游、科普研学游、民俗乡村游等乡村休闲旅游产品。以绿色菜园、葡萄园、稻渔种养基地为依托，发展稻渔空间、田园观光、农耕体验、文化休闲、科普教育、健康养生等业态，满足城市居民消费需求。充分挖掘贺兰山东麓葡萄酒产区风土文化，发展酒庄休闲度假、葡萄酒文化体验等特色旅游。依托六盘山地区风土文化，发展小杂粮、冷凉蔬菜、林果等主题休闲度假农庄。大力传承和挖掘枸杞文化，推进枸杞文化与中医药、康养、旅游等产业深度融合发展。以每年的"农民丰收节"为载体，培育一批农事节庆活动品牌，推进乡村观光旅游向乡村休闲度假和生活体验转型升级。二要孵化乡愁产业经济。融合"人""文""产""居"等要素，整合乡土文化、民间工艺、特色小吃等优势资源，培育发展民间剪纸、手工刺绣、麦秆草编、泥塑彩陶、农民画等乡愁产业。延伸带动以休闲、体验、康养等为主题的乡愁文化体验、乡村记忆寻迹、乡土风情展示等乡愁产业新业态，培育一批记忆化、特色化、个性化、艺术化的乡愁产业品牌，打造一批以"乡愁""乡趣""乡野"为主要模式的乡愁记忆村。以文化引领产业发展。

（六）提升服务链

鼓励行业组织、产业公共服务机构搭建产业资讯服务平台，为企业、农户、消费者等提供产供销对接信息服务。建立健全种养殖、生产、深加工以及品牌文创等覆盖全产业链需求的服务体系，规范服务标准化建设、服务价格指导、服务合同监管，培育或引进专业化组织和企业，在做优做强传统服务业的基础上，开展定制式服务，创新服务新业态。

## 二、加快构建现代农业产业生产体系

现代农业生产体系就是将先进的科学技术与生产过程结合起来，利用现代物质装备武装农业，用现代科学技术服务农业，用现代生产方式改造农业，从而提高农业良种化、机械化、科技化、信息化水平，增强生产能力和抵抗风险的能力。打造宁夏绿色、优质、安全农产品产区就是要坚持集约经营，聚合产业发展要素，融合发展，着眼于标准化生产，围绕市场需求发展生产，用现代化装备支撑产业，拓宽产业发展领域，延伸产业发展链条，培育壮大一批龙头企业，打造产业发展集群，努力构建"龙头企业＋科技＋标准化＋绿色化＋质量监督＋品牌"的优质农产品生产技术体系，使产区农业产业链从生产为主到销售为主，从单一到综合，从短到长，从小到大，从内到外，全面提高产业发展水平。支持龙头企业、专业合作社和种植大户开展集约化经营、规模化发展，鼓励各种经营主体通过租赁、专业托管等方式，实现小农户传统分散种植向集约化适度规模经营转变；用现代科技服务产业，强化科技创新和推广，用现代生产方式改造产业，转变要素投入方式，夯实生产基础，全面提升"龙头企业＋合作社（基地）＋农户"的生产模式，使"市场牵龙头、龙头带基地、基地联农户"的农业产业链经营模式的利益共同体链条结合得更加紧密，确实实现产业发展，农业增效、农民增收。

（一）坚持育繁推一体化发展

实施种业振兴和科技创新行动，扎实推进农业种质资源收集保存、精准鉴定和开发利用，建设种质资源数据库。继续实施好自治区农业育种专项，开展核心种源关键技术攻关，加大功能型品种和专用品种培育攻关力度，重点选育具有宁夏区域表征、高产、多抗的当家品种，加快建立以种业企业为主体，产学研用紧密结合的商业化育种体系，促进育繁推一体化发展，提升农业育种创新水平。巩固提升一批自治区级良种繁育基地，提升国家区域性良种繁育基地建设质量，巩固自治区级良种繁育示范基地和宁夏南繁科研基地，加强滩羊保种场、核心育种场和中国（宁夏）良种牛繁育中心建设，加快奶牛、肉牛、滩羊和饲草良种选育扩繁。实施良种选育推广行动，加快推进新品种更新换代。

（二）坚持绿色发展

全面推广测土配方施肥、机械深施、精准施肥和水肥一体化技术，扩大有机肥替代化肥试点，大力推广"有机肥＋"技术模式。引导农民施用高效缓释肥、水溶肥、生物肥等新型肥料，优化肥料结构。加强农药市场监管，严格实行农药生产准入、农药经营许可制度。强化统防统治，推广生物防治、理化诱控等绿色防控技术，扶持病虫害防治专业化服务组织，加强统防统治与绿色防控相结合。完善农产品质量安全追溯制度，探索利用多形式的农业信息化手段强化农产品质量安全监管。全面推行食用农产品达标合格证制度，推广"合格证＋追溯"等模式。推进秸秆综合利用，提高饲料化、肥料化、基料化利用水平。实施农膜回收行动，全面推广使用达标地膜、可降解农膜，健全农用残膜回收加工体系，持续减少农业面源污染。推进畜禽粪污资源化利用，开展畜禽养殖场区、散养密集区粪污无害化处理，推广粪污全量收集还田利用，鼓励发展收贮运社会化服务组织。集成推广适应性广、实用性强的绿色技术模式，促进种养循环、产加一体、粮饲兼顾、农牧结合、草畜配套，实现产业链全程绿色化发展，支撑国家农业绿色发展先行区建设。

（三）强化农业科技创新和推广

实施农业产业高质量发展科技支撑行动和种业科技创新行动，构建开放的现代农业科技创新体系，积极推进自治区农业高新技术产业示范区建设。加强农业科技攻关，强化产学研协同创新，聚焦葡萄酒、枸杞、奶产业、肉牛和滩羊、冷凉蔬菜等重点产业，围绕重点品种、关键环节和模式集成，发挥好区内外科研院校作用，加强联合攻关，努力实现农业科技重大突破。为适应新发展阶段，更好地支撑服务农业产业高质量发展，强弱项补短板，应成立"宁夏农林科学院农产品加工研究所"，补全宁夏没有专业加工研究所的空白，进一步加强对枸杞、葡萄酒、肉牛和滩羊、冷凉蔬菜等重点产业精深加工关键技术研究及健康食品的开发，以及开展宁夏农产品精深加工业可持续发展战略研究。加大农机装备引进、研发，加快突破畜牧业、枸杞、葡萄、设施农业等机械化瓶颈，推广绿色高效机械装备和技术，推进品种、栽培技术和农机装备集成配套。加强质量检验检测体系建设，健全农产品检验检测技术标准，落实质量检测和监管责任，确保农产品质量安全。大力发展数字农业，建设全区统一的资源数据库，推进宁夏农业云平台建设，推动产业数据、农村集体经济、农业种质资源、农业投入品在线监管、农产品质量安全追溯监管、农产品价格等数据库建设，实现农业数据互联互通。实施"互联网＋现代农业"行动，推进智能感知、智能分析、智能控制、智能决策等农业物联网技术与生产管理、质量追溯、农业监测等生产管理环节深度融合，建设智慧农业示范园区，提升农业生产数字化水平。加快农业遥感、北斗卫星导航等现代信息技术在农业农村领域应用。加快农业科技推广，坚持和完善农技服务体系、科技特派员制度，鼓励各类创新主体开展农业科技社会化服务，打通农业科技服务"最后一公里"。深入开展"三百三千"科技服务行动，加大关键技术攻关和实用技术推广应用，提高规范化、标准化种养加水平，推进农业高质量发展。建立完善"互联网＋农业科技服务"模式，提升农业科技服务信息化水平。

（四）大力推进优质农产品标准化生产体系构建

农业标准化是现代农业的一个显著标志，它通过对农产品生产、加工、销售各环节采用科学先进的标准，确保农产品的质量和消费安全，提高农产品的信誉度和市场竞争力。打造宁夏绿色、优质、安全农产品产区必须实行特色农产品标准化生产和管理。按照"有标贯标、低标提标、无标创标"要求，进一步完善宁夏农业产业标准体系，大力推广标准化、规模化种养殖，规模化经营管理。完善以构建质量控制、效益提升为核心的全产业链标准体系，进一步建立健全优势特色农产品全产业链地方标准体系，加快建立枸杞、葡萄酒等优势特色农产品高质量发展标准体系，加大优势特色农产品团体标准和企业标准的支持力度，强化标准的集成转化和推广应用，加快制定和完善特色农产品的质量安全标准，创建一批绿色优质标准化原料基地、标准化生产（养殖）示范基地以及全产业链标准综合体，推进品种选择、生产过程、终端产品的标准化，加强标准化生产和管理技术培训，开展绿色食品、有机农产品、良好农业规范认证，构建农产品品质核心和评价指标体系，规范农产品分等分级，把标准化生产示范基地建设成为优质产品的第一车间。

（五）强化绿色、优质、安全农产品产区安全生产管理体系建设

质量是优质农产品的生命线。通过加强质量控制体系建设，确保优质农产品高品质与质量安全，控制产业发展风险，促进优质农产品品牌创建和特色产业持续发展。进一步健全和完善优质农产品质量标准体系，形成从生产、加工、仓储、物流等系列标准，加强标准的贯彻落实，做到有标必依。加强农产品质量安全实验室、检验监测设备等基础设施建设和人员培训。完善农产品质量安全追溯制度，运用互联网和大数据等技术，搭建信息化追溯平台，统一追溯模式、业务流程、编码规则、信息采集，实现对优质农产品生产投入品、生产过程、流通过程进行全程追溯，规范生产经营行为，强化农产品质量安全监管。严格农业投入品使用，依法实施农业投入品登记许可，建立

完善农业投入品购销、使用记录制度。加强对产区内优质农产品质量的监督抽查，强化农产品质量安全监管执法，建立从检测标准、检测平台手段、监督管理、绿色农产品论证、人才队伍建设等方面上下一盘棋的监督检测体系，以及从田间到餐桌全程控制、运转高效、反应迅速的优质农产品质量管理体系，形成特色农产品产业组织管理、生产管理、投入品管理、科技支撑、环境监测、监督管理、产业化经营等现代农业体系，提升农产品质量安全水平。

## 三、加快构建现代农业产业经营体系

建设现代农业经营体系，就是要大力培育专业大户、家庭农场、农民合作社、农业企业等新型农业经营主体，发展多种形式适度规模经营，大力培育发展新型职业农民，健全农业社会化服务体系，做大做强龙头企业，健全完善联农带农机制，构建集约化、专业化、组织化、社会化相结合的新型农业经营体系，实现家庭经营、合作经营、集体经营、企业经营共同发展。坚持市场主导，发挥市场在资源配置中的决定性作用，调动社会各方面积极性，引导社会各类资源、资本向农业产业聚集。发挥品牌优势，强化品牌宣传，创新营销模式，进一步擦亮"宁夏枸杞""中宁枸杞"等农产品区域公用品牌金字招牌，实现产业品牌化发展。

（一）加快培育壮大新型农业经营主体

实施新型农业经营主体提升工程，通过土地入股、生产托管、股份合作、组建联合体等方式，加快培育现代农业经营主体，发展多种形式适度规模经营。实施家庭农场示范创建，培育一批规模适度、生产集约、管理先进、效益明显的家庭农场。积极培育家庭农场联盟和农民合作社联合社，引导各类联合体、联盟等实现利益共享、风险共担。培育壮大农业产业化龙头企业，支持龙头企业技术改造升级，鼓励兼并重组、集群集聚，积极培育农业上市企业。尤其是要加快培育农产品加工龙头企业和企业集团，把分散经营的农户联合起来，形成"龙头企业＋合作经济组织＋农户"的运作模式，实行集约化经营，加快标准化建设，提高农产品质量，从根本上增强特色农产品的市场竞争力。要围绕葡萄酒、枸杞、肉牛、滩羊、蔬菜、粮食等优势特色产业，从政策、资金、税收等多方面大力培育和扶持龙头加工企业，做大做强农产品加工业，鼓励和引导加工企业向园区和农产品加工产业集聚区集中，形成竞争优势明显的龙头企业集群，加快实现加工园区化、园区产业化、产业集聚化，最大限度挖掘特色农产品的增值潜力。持续开展自治区级农业产业化重点龙头企业认定工作，对新认定的农业产业化国家级、自治区级重点龙头企业，分别给予奖励。积极引导企业与合作经济组织与农户结成联心、联利、联筋、联骨的利益共同体，建立标准化生产基地，发展利用当地特色农产品的加工企业。采取各种政策措施，从多方面引导和支持龙头企业增加科技投入，加快技术改造，大力引进、开发新技术和新产品，延长农业产业链条，发展特色农产品精深加工，增加农业附加值，使农业的整体效益得到提高。

（二）强化农产品品牌建设

优质农产品品牌建设既可以体现出特色农产品的区域特性和产业实力水平，也可以引领优质农产品生产技术体系和质量标准体系的构建和完善，还可促进特色农产品产业健康持续发展，提高农业质量效益和竞争力，适应消费结构不断升级。国内外农业发展的经验表明，只有以品牌建设来引领现代农业体系的完善，摒弃低质、无序的农业发展模式，才能够真正形成农业的核心竞争力。品牌建设是打造宁夏绿色、优质、安全农产品产区，提升农产品竞争力的核心内容。

1.增强品牌意识，推进优质农产品品牌建设

农产品品牌化是农业转型升级的标志，是农业生产调整结构、转换发展方式的重要举措之一，也是提高农产品竞争力和生产效益的重要途径。品牌意识是现代化市场经济的核心理念之一，是质量意识、商标意识、市场意识、竞争意识、人才意识、品牌资产意识等一系列市场经济观念的凝聚和升华。农业企业只有把创品牌、树名牌视为企业生存发展的王牌，才可能在市场竞争中积极主动、抓住机遇、应对挑战。从消费需求和市场需求的趋势看，人们对农产品的品质与安全性更加关注，形成了产品优质化、绿色化、便利化和品牌化的多元消费需求。而由于农产品本身是一种质量隐蔽性较强的商品，很难凭借外观判定其品质，而农产品品牌在一定程度上代表了生产者向消费者做出的品质承诺，同时蕴含着独特的文化内涵，从而成为当今农产品市场竞争的主要方式。因此，作为品牌建设的参与主体，地方政府、企业、专业合作社和农民要全面树立品牌意识，强化品牌意识，要把培育和提高品牌意识作为当务之急，发挥政府职能部门的作用，采取各种有效手段，加强对企业、专业合作社和农民等从业人员的宣传和教育，提高品牌意识，尽快树立品牌就是质量、品牌就是效益，就是竞争力，就是生命力的理念，逐步形成以消费者为中心的市场竞争意

识、成本效益意识、规模经济意识及品牌意识。

2.统筹协调，推进品牌创建

农产品品牌是为了进一步辨识农产品、形成竞争优势，把传统意义上没有"名号"的农产品赋予品牌的特征，如赋予"名号"、标记或者理念，让顾客对特定的农产品形成在产品、服务、理念或者文化上的识别和区分。农产品品牌化是用工业化思路经营农业产业的基本思路和基本方法。在当前的农产品品牌中，包括地域或公用品牌和商业品牌两种。农产品地域或公用品牌，是多年来通过积淀、宣传、口碑等因素形成的品牌，农产品地域或公用品牌不是以企业为主体，没有知识产权的，缺乏企业管理下的质量标准的统一，容易被人假冒，容易造成产品质量和品牌形象退化，容易失去顾客信赖。烟台苹果、栖霞苹果、新疆哈密瓜、龙井绿茶、东北大米、天津鸭梨等，都是典型的农产品地域或者公用品牌。农产品商业品牌是指按照商业操作模式，以企业为主体进行建立、培育和发展的农产品品牌，它区别于多年来以地域为主要特征，更大程度上靠顾客口碑和政府推动培育出来的地域或公用品牌。因此，要统筹协调宣传推进区域农产品品牌和商业品牌。区域农产品品牌代表着一个区域内产业集群产品的总体形象，优势产业和产业集群是区域品牌形成的基础，应在区域内营造"创建区域品牌，人人有责"的氛围，调动区域内所有相关主体的积极性，采取"政府推动、政企合力、协会主导、市场拉动、企业带动、农户联动"思路。各级政府的政策导向和支持对于区域品牌建设这项长期系统的工程来说至关重要，可谓"定海神针"。政府是农产品区域品牌的组织和规划者、基础设施的完善者，也是质量标准化体系的建设和推动者，同时还肩负着公共信息和渠道平台以及区域品牌的宣传和保护的责任，应该说是从政策指导、全方位服务来促进区域品牌建设，充分挖掘农产品地理标志的个性特征和文化内涵，着力提升特色农产品品牌价值。

农产品商业品牌就是由农产品生产经营企业创立，通过知识产权保护和市场化运作所培育出来的农产品品牌。农产品商业品牌是市场经济的产物，是企业间竞争的结果，是提升农业产业竞争能力的有效途径。它与地域或共有品牌相比较，农产品企业是农产品商业品牌的主体，具有品牌的知识产权，可以按照市场化的操作模式，在如营销模式、质量体系上进行品牌的建立、推广和维护。近年来，随着我国市场经济的深入，越来越多的农产品按照市场经济的运行规律，用工业化的模式管理农产品的生产与经营，农产品商业品牌如雨后春笋般发展起来。"富岗苹果"和"有机农庄"是农产品商品品牌的典型例子。"富岗苹果"是河北省一家农产品公司通过市场化和工业化操作模式培育出来的一个农产品商业品牌，该公司通过建立以绿色食品为核心的标准化质量体系、营销体系等一系列市场化操作模式，培育出了在河北省内外叫得响的绿色农产品商业品牌。"有机农庄"是北京一家农产品公司按照有机食品质量标准和营销模式培育出来的，以有机蔬菜为主导的有机农产品商业品牌。

3. 明确特色农产品的定位——健康、绿色

随着社会的发展，人们消费水平的提高，对农产品的优质化、绿色化、品牌化的消费需求越加强烈。发展符合健康消费观念的绿色产业，不仅是当今农业产业的发展方向，而且宁夏的资源禀赋有生产绿

色优质农产品的优势和有利条件。因而，宁夏特色农产品品牌化建设必须定位于健康、绿色，适应和满足消费者需求，提高市场竞争力。

4. 分类指导，加强管理

品牌已成为重要的无形资产，品牌战略是指一个企业或政府为提高产品或服务的市场竞争力，围绕着产品品牌所制定的一系列长期的、总体的发展规划和行动方案。品牌战略作为市场经济竞争的产物，一般来说体现在企业和政府两个层面。在企业层面，指企业将品牌作为核心竞争力，以品牌的力量获取差别利润与价值增值；在政府层面，是指政府为提升本地区的经济实力，将品牌作为知识产权战略的有机组成部分，通过政策指导、法律规制等手段，为企业培育和发展品牌创建良好的社会氛围和发展环境。因此，推进农产品品牌战略实施，通过完善农产品商标及地理标志的注册与保护，能够充分发挥地缘优势和特色产品优势，带动农产品技术含量和附加值的提升，同时也有利于打破贸易壁垒，形成具有市场竞争力的农业产区和优势农产品，辐射和带动宁夏农业整体竞争力的提高。

实施农产品品牌战略，就是要通过对农产品的品牌建设和品牌管理，提升农产品的质量和品质，更好地满足消费者需求，最终实现农业产品结构的优化和农业发展方式的根本转变。实施品牌提升工程，支持绿色食品、有机农产品、地理标志农产品和森林生态标志产品等的申请认证和扩展。集中建设一批叫得响、有影响力的区域公用品牌作为优质农产品产区的"地域名片"，如"贺兰山东麓葡萄酒""宁夏枸杞""盐池羊肉""宁夏大米"等区域公用品牌，提升管理服务能力，培育和扩大消费市场，增强农产品品牌的带动力和影响力。坚持消费导向，擦亮老品牌，塑强新品牌，努力打造一批国际国内知名的企业品牌。运用地域差异、品种特性，创建一批具有文化底蕴、鲜明地域特征"小而美"的优质农产品品牌，形成拳头产品，推动特色农产品产业化发展。

5. 充分挖掘品牌内涵和农业历史文化

研究设计特色农产品整体品牌形象标识、图案卡通、广告语、创意包装等，加大特色农产品品牌宣传推介力度，扩大品牌知名度，切实让公众认识到宁夏农产品"品牌"就是"优质"，"优质"就是"品牌"的代名词。充分利用各种媒体媒介做好形象公关，把宁夏农产品注入文化、生态、优质、现代营销、服务等新内容，进行宣传，形成宁夏农业与生态、文化有机结合的品牌模式，讲好品牌故事，传播品牌价值，扩大品牌的影响力和传播力，提升品牌溢价效益。

6. 加强品牌农业标准化生产

树立"质量为本、以质取胜"的理念，制（修）订优质粮食、蔬菜、马铃薯、滩羊、肉牛、奶牛、硒砂瓜、长枣、水产品等产业整套生产管理技术标准，支持鼓励各地制定符合当地农业生产实际的技术规范，全面推进特色优质农产品标准化生产应用；制（修）订宁夏枸杞优质基地建设和全产业链各环节技术标准；制定宁夏贺兰山东麓葡萄酒产区葡萄种植管理标准、酒庄酒生产工艺规范。加快完善分等分级、包装标识、贮藏运输、产地准出和质量追溯等制度，促进农产品按标生产、按标上市、按标流通。以优质粮食、草畜、蔬菜、枸杞、葡萄酒等特色农产品为重点，积极开展无公害、绿色、有机农产品认证，重点发展地理标志农产品，加快"宁夏菜心""宁夏牛奶"等地理标志登记保护，支持建设一批绿色、有机农产品标准化生产基地和蔬菜标准园、畜禽水产养殖示范场，全面推进农业标准化生产。建立优质品牌目录制度，优化品牌标识，建立区域公用品牌的授权使用机制和品牌危机预警、风险规避和紧急事件应对机制。构建完善品牌保护体系，实时监控、评估品牌状态，综合运用协商、舆论、法律等手段打击各种冒用、滥用公用品牌行为。确保诚信合法经营，以树立"百年品牌"、打造"百年企业"为目标，营造良好品牌建设环境。

（三）创新营销模式

有序推进多种形式规模经营，构建多载体、多层次、多渠道营销网络体系，发展体验式营销。扶持新型经营主体，构建集约化、专业化、组织化、社会化相结合的新型经营体系，开展农业生态旅游，拓展线上营销。建设互联网营销平台，构建优质农产品爱好者营销网络，推动直播带货、网上销售。推广O2O营销模式，鼓励各类经营主体在国内一二线城市重点商圈、机场、火车站等区域设立宁夏枸杞、葡萄酒、牛羊肉等优质农产品的旗舰店、产品体验店或直销店，利用"互联网+"推进线上订单和线下体验，形成多元化营销模式。

（四）提升营销能力

加强营销队伍建设，针对不同消费群体，开展专业化营销。推进现代流通体系建设，完善农产品冷链仓储、物流保鲜、电商平台、电子交易、信息发布等服务设施和平台设施建设，提高优质农产品销售、流通效率。提升品牌影响力，充分利用国内外展会和推介会平台，加强宁夏枸杞、葡萄酒、盐池滩羊等优质农产品的宣传推介力度，进一步提升宁夏区域公用品牌的知名度。抓好媒体宣传推介，在机场、高铁、地铁、车站等各类场所开展室内外广告宣传，加大在报纸、杂志、电视、广播、互联网等媒体的宣传力度，鼓励生产经营主体出版相关产品的文化作品，传递文化价值。融入"一带一路"建设，应用好中阿经贸论坛平台、中国（宁夏）国际葡萄酒文化旅游博览会、杞产业博览会等，发挥宁夏地处"一带一路"关键节点优势，加深世界各国对宁夏葡萄酒、枸杞等特色农产品的认知和了解，对接文化旅游。深度挖掘宁夏优质特色农产品的文化内涵，打造农产品特色小镇，结合全域旅游推出精品线路，推动优势特色产业融合发展。

（五）完善社会化服务体系

按照主体多元化、服务组织专业化、运行市场化的原则，加快构建以新型农业社会化服务主体为依托、公共服务机构为支撑，经营性服务和公益性服务相结合、专项服务和综合服务相协调的新型农业社会化服务体系，如"田保姆"式的生产托管，农业科技推广服务云平台等。一是服务体系逐步健全。依托新型农业经营主体，建设一批农业社会化综合服务站，为农民提供产前、产中、产后全程服务。二是服务功能进一步拓展。服务功能以技术指导、农资供应、测土配肥、统防统治、农机作业、信息服务"六项功能"为基础，向土地托管、金融服务、电子商务、市场营销、休闲观光、创意农业等领域拓展，以实现从单一公共服务向多种社会力量相补充转变，从生产领域向全要素延伸、一二三产业融合转变。制定完善农业社会化服务标准，引导经营性服务组织为农民提供生产托管、技术指导、技能培训、生产资料采购经营、病虫害防治、农产品加工流通等专业服务，促进小农户与现代农业有机衔接。建设一批农业农村综合服务中心，打造集农业产业服务与农村事务服务为一体的综合平台。三是服务模式进一步创新。培育"龙头企业＋一二三产业融合发展""金融服务＋全产业链""农机作业＋智慧农业""土地托管＋植保飞防""品牌农业＋粮食银行""市场营销＋订单农业""电子商务＋五优基地""技术服务＋全产业链""种养结合＋循环发展""党建引领＋产业融合"等模式，形成服务主体"多层次"、服务内容"多元化"、服务机制"多样化"的新格局。四是服务能力进一步提升。各服务站围绕技术指导、农资供应等服务功能开展合作式、订单式、托管式、全程式社会化服务，使服务面积逐步扩大，节本增效显著。

## 第二节　构建宁夏绿色、优质、安全农产品产区的战略举措

习近平总书记指出，实施乡村振兴战略，必须深化农业供给侧结构性改革，走质量兴农之路。只有坚持质量第一、效益优先，推进农业由增产导向转向提质导向，才能不断适应高质量发展的要求，提高农业综合效益和竞争力，实现我国由农业大国向农业强国转变。农业是宁夏的基础产业，从1984年起，宁夏粮食实现了自给有余，由粮食调入省份变成粮食调出省份。90年代，宁夏开始从温饱向小康过渡，人民的温饱问题基本解决，老百姓的生活日渐宽裕，品质消费的趋势开始萌芽，传统农业开始转型升级。随着人们生活水平的日益提高，人们对于优质、健康的诉求也日益加强，对粮油菜肉蛋奶等农产品的需求开始由"吃饱"转向"吃好""吃出健康"。随着"一带一路"及产业转移和质量要求等影响，优质农产品的生产愈发显得重

要。宁夏在交通、区位等优势不断凸显，优质农产品越来越受到国内外市场熟知的机遇下，大力发展绿色优质农产品，有利于充分发挥宁夏的优异的资源禀赋，有利于宁夏农业现代化建设和乡村振兴战略的实施，有利于宁夏绿色优质农产品融入全国统一大市场，满足人民对绿色优质农产品的需求。建设具有资源优势、特色优势、区域优势的绿色、优质、安全农产品产区，可提升"宁字号""老字号"农产品的品牌影响力，增强宁夏农业产业的竞争力，使宁夏优质农产品在激烈的市场竞争下占有一席之地。

打造绿色、优质、安全农产品产区是一项系统工程，要坚持品质优先、绿色发展，统筹推进，按照填平补齐的原则，优化一产、深化二产、强化三产、融合一二三产，构建产业链条相对完整、市场主体利益共享、抗市场风险能力强的绿色、优质、安全农产品产区。

## 一、实施标准化生产基地建设行动

打造宁夏绿色、优质、安全农产品产区首先要打造以质量提升为导向的全产业链标准化基地，以质立足、以质创优。聚焦葡萄酒、枸杞、冷凉蔬菜等"六特"产业产区，坚持品质优先、绿色发展的理念，建设标准化生产示范基地。按照"有标贯标、缺标补标、低标提标"的原则，突出优质、绿色、安全导向，实施农业标准化提升计划，以产品为主线、全程质量控制为核心，因地制宜、因品施策建立健全完善全产业链标准体系表及标准综合体和产品评价标准，加快产地环境、品种种质、投入品管控、产品加工、储运保鲜、包装标识、分等分级等关键环节标准的制修订，加大标准有效供给，创新标准服务，加快构建以优质、绿色、安全、营养为梯次的农业高质量发展标准体系，对优质农产品生产、加工、仓储、流通等环节进行标准化、规范化管理，逐步建成布局合理、指标科学、协调配套的全产业链标准体系，做到有标可依，并编制标准模式图、明白纸和风险防控手册，让生产经营者识标、懂标、用标。推行产地标识管理、产品条码制度和源头赋码，确实做到质量有标准、过程有规范、销售有标志、追溯有渠道。

组织一批示范效果好、带动能力强的龙头企业、家庭农场、专业合作社等经营主体，大力开展代耕代种、统防统治等社会化服务，以标准化种养殖为抓手，以标准化生产基地建设为引领，按照绿色生产和高质量发展的要求，推进农业标准化生产，强化生产全过程管理，严格落实农业绿色发展、全程质量控制等相关标准，强化标准实施，强化生产档案记录和质量追溯管理，推行食用农产品达标合格证制度，加强绿色、有机和地理标志农产品认证，推进绿色食品、有机农产品和农产品地理标志产品生产；积极推进投入品减量化、生产清洁化、废弃物资源化、产业模式生态化，增加有机肥用量，推行绿色综合防控，加强质量安全源头管控，建立从农田到餐桌的农产品质量安全监管体系，提高标准化生产和质量安全监管水平。每个标准化生产基地要紧紧围绕品种培优、品质提升、品牌打造和标准化生产，制定工作方案，细化工作措施，基本实现"五统一"（统一农资供应、统一肥水管理、统一病虫害防治、统一机械作业、统一技术服务），提高基地绿色标准化发展水平，提升辐射带动能力，推动产业提质增效。品种优质化率达到90%以上，产品质量安全合格率达到100%，全面实行产品质量追溯。引导鼓励农产品加工企业及新型农业经营主体通过直接投资、参股经营、签订长期合同等方式，带动建设一批标准化、专业化、规模化原料生产基地，把标准化生产示范基地建设成为原料供应基地、名特优产品的第一车间，因地制宜发展休闲农业、观光农业，实现农旅互动、融合发展，提高特色农产品的标准化、规范化生产水平。

## 二、实施农产品加工提升行动

农产品加工业是食品生产体系的重要环节，向上连接农业、农村和农民，向下连接工业、城市和市民，向前端延伸可带动农户建设原料基地，向后端延伸可建设物流营销和服务网络，横跨农业、工业和服务业，起着牵一连三的作用，是农业全产业链构建的核心，是一二三产业融合发展的关键环节，是现代农业产业体系和生产体系中不可缺少的一部分，是农业供给侧结构性改革和乡村振兴的重要抓手，是农业高质量发展的核心和重点，对拓展农业产业链条、提升农产品附加值、促进农业提质增效、农民增收、满足群众日益增长的消费需求都具有十分重要的意义和作用。2020年我国农产品加工业营业收入超过23.2万亿元，与农业产值之比达到2.4:1，农产品加工转化率达67.5%，科技对农产品加工产业发展的贡献率达到63%。宁夏农产品加工业产值与农业产值的比重为1.8:1，远低于全国水平。这些恰恰是农产品加工业新的更大的市场空间，农产品加工率每提升1个百分点，对应的都是百亿、千亿的消费容量。在自治区"六特"产业中，枸杞作为我国枸杞核心产区、道地产区，长期以来，宁夏非常重视枸杞产业的发展，始终把枸杞产业作为最具地方特色和品牌优势的战略性主导产业来抓，枸杞加工业较其他特色产业相对成熟，产业链更为完善，覆盖枸杞深加工的各个领域，产品各类和形态较为丰富、优势明显，聚集效应突出。宁夏枸杞鲜果加工转化率达到28%，精深加工产品达10大类90余种，居全国之首，中宁县枸杞加工业的技术水平和设备水平均处于行业前沿。而其他特色农产品如葡萄酒、牛羊肉、冷凉蔬菜等在加工业发展上相对滞后。在国外，酿酒葡萄基本上是被"吃干榨净"，渣、皮、籽开发利用程度很高，其衍生品葡萄籽油、面膜等相关衍生产品的产值甚至超过了葡萄酒产业本身，而宁夏乃至我国酿酒葡萄的渣、皮、籽、藤大多都未充分利用，开发利用率很低。宁夏肉牛、滩羊产业目前还处在屠宰的初始加工阶段，存在肉品精深加工及副产品开发的深度、广度不够，全产业链短，附加值不高等问题。因此，打造宁夏绿色、优质、安全农产品产区要大力实施农产品加工业提升行动，强优势、补短板、强弱项，增品种、提品质、创品牌，提升企业效益和竞争力，推动农产品加工业品质革命。要统筹推进初加工、精深加工、综合利用加工和主食加工协调发展。大力支持新型经营主体发展农产品保鲜、储藏、烘干、分级、包装等初加工设施，鼓励建设肉品、果蔬加工中心，减少产后损失，提升商品化水平；引导建设一批农产品精深加工示范基地，推动企业技术装备改造升级，开发多元产品，延长产业链，提升价值链；推进农产品和加工副产物的综合利用，推动副产物循环利用、全值利用和梯次利用，提升副产物附加值。引导加工产能向"三园"（现代农业产业园、科技园、创业园）聚集发展，鼓励企业兼并重组，培育一批年产值超过10亿元的大型农产品加工企业。大力发展绿色加工，鼓励节约集约循环利用各类资源，引导建立低碳、低耗、循环、高效的绿色加工体系，形成"资源—加工—产品—资源"的循环发展模式，鼓励农产品加工企业通过股份制、股份合作制、合作制等方式，与上下游各类市场主体组建产业联盟，让农户分享二三产业增值收益。引导鼓励利用大数据、物联网、云计算、移动互联网等新一代信息技术，培育发展网络化、智能化、精细化的现代加工新模式，引导农产品加工业与休闲、旅游、文化、教育、科普、养生养老等产业深度融合，积极发展电子商务、农商直供、加工体验、中央厨房、个性定制等新产业新业态新模式，推动产业发展向"产品＋服务"转变。现代农业不仅仅是第一产业的种植和养殖，还是第二产业的食品原料，是从田间地头到厨房餐桌的快消食品，还可能是绿色安全化工原料；在产业类型上，农业不仅是传统的劳作，还可以是第三产业的休闲、观光、亲子活动，以及健康养老、创意文化等。因此，要加快推进一二三产业融合发展，使之成为"第六产业"，即把农业变成了综合产业，推进农产品生产"接二连三"，延长产业链，培育壮大新产业、新业态，与现代农业产业园、农业科技园区、农村产业融合发展示范园、特色村镇、乡村旅游等建设有机结合，实现一二三产业深度融合和全链条增值。

## 三、实施品牌建设行动

品牌化是提升农产品价值链的最重要的趋势。只有不断提高农产品品质、打造绿色优质安全的农产品品牌，才能立于不败之地。打造宁夏绿色、优质、安全农产品产区要强化"产出来、加出来、管出来、树出来、讲出来"的品牌创建思路，引导企业牢固树立以质量和诚信为核心的品牌观念，紧盯市场需求，坚持消费导向，支持企业积极参与先进质量管理、食品安全控制等体系认证，提升全程质量控制能力，擦亮老品牌，塑强新品牌，通过驰名商标认定并加强保护，努力打造质量过硬的国内、国际知名的企业品牌。利用地域差异、品种特性，创建一批具有文化底蕴、鲜明地域特征"小而美"的特色农产品品牌。鼓励企业"走出去"，开展多种形式的品牌展示、专题推介、品牌营销，做好品牌宣传推介，充分利用各种媒体媒介做好形象公关，讲好品牌故事，传播品牌价值，扩大宁夏品牌的影响力和传播力。要积极推进区域公用品牌创建与整合，做大做强"宁字号"优质特色农产品品牌，以"宁字号"公用背书品牌为引领，带动区域公用品牌、企业品牌和产品品牌跟进，打造一批区域公用品牌、企业品牌和产品品牌，形成"宁字号"品牌集群。按照绿色高质高效发展的基本要求，加强农业品牌认证、监管、保护等各环节的规范与管理，将基地建设与绿色、有机、地理标志产品认证结合，建立品牌目录管理制度，优化品牌标识，建立区域公用品牌的授权使用机制和品牌危机预警、风险规避和紧急事件应对机制，加强宣传引导和市场培育，提高区域公用品牌覆盖面和影响力、竞争力。构建完善品牌保护体系，实时监控、评估品牌状态，综合运用协商、舆论、法律等手段打击各种冒用、滥用公用品牌行为。确保诚信合法经营，以树立"百年品牌"、打造"百年企业"为目标，营造良好品牌建设环境。

另外，可学习借鉴源自于法国、推广于欧洲的农产品品牌建设成功范式——小产区品牌模式，尤其是宁夏贺兰山东麓葡萄酒和宁夏滩羊可借鉴这种小产区品牌模式。这种模式前提是农产品安全，核心是差异化，也就是在绿色生产、有机生产的前提下，着力打造农产品鲜明的差异化特色，满足现代消费者对农产品不同特色品质、口味、品相、风格、营养成分的需求，甚至满足产品消费时的精神需求，包括感受产品历史文化、产地风俗风情，使之成为现代时尚生活方式的一部分。这种差异化的高端时尚小众需求不仅客观存在，而且日趋显著。要以追求产品品质、单产价值和品牌价值为目标，避免盲目追求产量。近些年，很多品牌在成名之后盲目扩张，追求产量，降低品质，结果如昙花一现。法国拉菲葡萄酒百年来享誉世界，并没有因为供不应求而扩大种植面积、增加产量，但是其单产品的产值持续攀升，其年产值几乎相当于我国整个葡萄酒产业年产值的1/20，成为法国葡萄酒产业的旗帜。要讲好品牌故事，要把生产者对产品生产的精心努力、产品文化，以一种适合于现代消费者接受的时代风格进行阐述和传播，契合消费者不断变化的诉求，赢取消费者的信任。积极引导企业在品牌打造上，改变依靠政府"背书"的惯性思维，转变为提高企业自身的修炼和社会声誉和诚信的构建上。在全面深化改革、经济全球化、市场与国际接轨的新时代，那些靠政府"供养"而不是靠市场成长的企业，必将在全球化竞争浪潮的洗礼中被淹没。

## 四、实施科技支撑行动

党的二十大报告强调，"科技是第一生产力，人才是第一资源，创新发展是第一动力"。打造宁夏绿色、优质、安全农产品产区必须要强化农业科技支撑，要把地方优良品种保护、新品种培育和技术创新作为提升宁夏优质特色农产品市场竞争力的战略措施，加大枸杞、葡萄、滩羊等特色农产品品种资源保护等基础工作，加强新品种培育和提纯复壮，完善良种繁育体系和科技支撑体系。持续培育枸杞新品种，对枸杞、滩羊进行品种提纯、复壮，保持和改善优良品质特性，积极推进葡萄、肉牛、瓜菜等优新品种的引进、筛选和推广应用。依靠企业、高校及科研院所、新型经营主体等，以增加绿色优质农产品供给为主攻方向，重点解决特色种养技术、专用农资、专用机械、病虫害防治、疫病防控、加工储藏等关键问题。支持道地枸杞、蔬菜、果品等营养功能成分提取技术研究，开发营养均衡、养生保健的加工食品。开展精深加工技术和信息化、智能化生产技术研发，提高产业发展水平。充分发挥农业技术（畜牧、水产）推广体系优势，采取田间指导和集中授课的方式，对农户加强特色农产品生产指导，通过网络、手机 APP 等方式强化与农户的沟通反馈，及时对新技术、新品种生产效果进行收集，有计划、分层次地向农户传授新技术、新技能。加强科技示范，培育示范农户、树立示范基地，通过鲜活的例子带动农户掌握和推广运用新技术，提高生产效率和产品品质。

## 五、打造绿色、优质、安全优质农产品产区生产技术体系和生产管理模式

打造绿色、优质、安全农产品产区要立足新发展阶段，贯彻新发展理念，主动融入新发展格局，坚持生态优先、绿色发展，要从注重数量为主向数量质量效益并重转变，从注重生产功能为主向生产生态功能并重转变，从注重单要素生产率提高为主向全要素生产率提高为主转变，牢固树立质量兴农、绿色兴农、品牌强农思想，推动产区品

种培优、品质提升、品牌打造和标准化生产。从本文对宁夏"六特"产业前述调查研究分析看，建议推进产区生产向绿、品种向优、品质向好，必须按照"农业资源环境保护、要素投入精准环保、生产技术集约高效、产业模式生态循环、质量标准规范完备"的要求，因地制宜，分类施策，要以品牌建设为引领，以标准化生产为主线，以农产品加工为纽带，推动一二三产业融合发展，去构建优质农产品产区生产技术体系。优质农产品产区生产技术体系是一个综合的、全面的，不是单一的、孤立的，应涵盖产前、产中、产后各个环节的技术体系，主要包括科技支撑体系、优质农产品生产技术体系（耕地质量提升与保育技术、优质绿色栽培技术、化肥农药减施节水增效技术、农业废弃物循环利用技术、病虫害绿色综合防控技术、畜产品安全绿色生产技术、草畜配套绿色高效生产技术等）、加工技术体系、全产业链标准体系、全过程质量安全监督体系等。通过构建产区"龙头企业＋优质农产品生产技术体系＋品牌"的模式，努力把宁夏优质农产品产区打造成为全国绿色优质安全农产品生产示范区。

创建绿色、安全、优质农产品产区是一项系统工程，要在完善标准体系、强化技术支撑、改善基础设施、加强品牌建设、培育经营主体、强化利益联结等方面统筹推进。因此，要整合国家和自治区各类创新资源，综合运用各种创新政策，带动政产学研用协同创新、研发示范推广一体化服务、技术品牌文化生态深度融合，支撑引领宁夏绿色优质安全农业向高端化、绿色化、智能化、融合化、品牌化发展。要以发挥比较优势为出发点，立足宁夏地理区位和特色产业基础，发挥自然资源优势、品牌发展优势、科技支撑优势和政策环境优势，自治区领导包抓产业的优势，紧紧抓住"黄河流域生态保护和高质量发展先行区建设""健康中国"和"一带一路"战略机遇，推动生产要素向葡萄酒、枸杞、奶业、肉牛、滩羊和冷凉蔬菜等优势特色产业聚集，在空间和产业上的优化配置，加快形成和提升"政府＋企业＋基地"的绿色优质安全生产管理模式，促进优质农产品产区协调发展的新格局。一是强化政府部门统筹协调职能。各级政府要处理好政府与各类市场主体的关系，形成分工明确、各司其职的体制机制。自治区政府各业务主管部门负责产业政策和产区发展规划的制定，各产区地方政府及行业主管部门作为创建主体，根据产业发展实际，加强指导、服务和监督，加快产品质量安全检验检测体系建设，加强农产品质量安全监督抽查，构建支持评价体系，完善监管保护机制，强化优质农产品产区公用品牌的培育、管理，维护品牌的权威性，推动形成以区域公用品牌、企业品牌、特色农产品为核心的农业品牌格局，提升品牌价值。加大财政投入，为特色农产品产业化发展提供财政金融保障。积极研究制定相关财政金融扶持政策，加大对特色农产品产业化龙头企业、现代农业示范园区、高效特色农业等项目的支持力度，建立一个以政府财政投入为引导，以企业的商业投入为主体，广泛地吸收利用社会资金的投融资体制。二是落实生产经营主体责任。优质农产品产区内各类龙头企业、合作社、家庭农场、种养大户等市场经营主体，按照产区建设要求，立足区域资源特色，突出差异性和优质性，采用资源节约型、环境友好型生产模式，开展标准化生产，推进农产品深加工，推动农产品绿色化、优质化、特色化、品牌化发展，带动产业提档升级。引导新型经营主体与农民建立合理、长期、稳定的利益联结机制，带动优质农产品产区内农民持续增收，保障农民合理分享产业发展收益，广泛形成政府支持、企业经营、农民参与、利益共享的良好机制。

## 第三节　构建宁夏绿色、优质、安全农产品产区的具体措施

我区优质农产品品种类型较多、产业规模差异大、发展水平不一。为此，创建宁夏绿色、优质、安全农产品产区必须综合考虑我区农产品特征、产业现状、农业资源的组合优势以及管理效率等因素，因地制宜，因品施策，突出特色，突出优势，用现代高新技术、工艺设施，加快构建和完善绿色、有机、生态型农业产业体系，形成园区示范、板块联动、集群发展。

### 一、葡萄酒产业

葡萄酒产业作为宁夏农业"六特"产业之首，要充分发挥贺兰山东麓葡萄酒产区优势和生态优势，坚持生态优先、绿色发展的理念，以建设国家农业绿色发展先行区的政策机遇为契机，以推动高质量发展为主题，以提升综合产出效益为重点，以建设国家葡萄及葡萄酒产业开放发展综合试验区为载体，以科技创新、机制创新、业态创新为手段，全面贯彻落实自治区党委办公厅、自治区人民政府办公厅联合印发的《宁夏葡萄酒产业高质量发展实施方案》，优化品种布局和产品结构，有序扩大酿酒葡萄种植规模，合理布局酒庄建设，坚持用酒庄酒塑造产区品牌、用产区品牌放大市场，全方位提升产区品牌影响

力，加快构建现代葡萄酒产业体系、生产体系、经营体系和技术研发推广体系，推动葡萄酒产业高端化、绿色化、智能化、融合化、品牌化发展，拓展葡萄酒＋文旅、体育、康养、生态等新业态新模式，打造多产业融合、高综合产值的复合产业，提升葡萄酒产业布局区域化、经营规模化、生产标准化、产业数字化、营销市场化水平，将宁夏贺兰山东麓打造成黄河流域生态保护和高质量发展先行区先行产业的示范区、西部特色产业开放发展的引领区、文旅教体融合发展的体验区、"一带一路"合作对接的先行区，成为闻名遐迩的"葡萄酒之都"，引领中国葡萄酒"当惊世界殊"。到 2025 年，力争酿酒葡萄种植规模达到 100 万亩，建成酒庄 270 家以上，其中：龙头酒庄企业 20 家、精品酒庄 250 家以上；年产优质葡萄酒 24 万吨（3 亿瓶）以上，力争实现综合产值 1000 亿元，"贺兰山东麓葡萄酒"品牌价值翻番。到 2035 年，力争在 2025 年的基础上再新增酿酒葡萄种植基地 50 万亩，规模达到 150 万亩，建成酒庄 370 家以上，年产优质葡萄酒 45 万吨（6 亿瓶）以上，力争实现综合产值 2000 亿元，"贺兰山东麓葡萄酒"品牌价值超过 1000 亿元，构建"一业兴"带动"百业旺"的葡萄酒产业发展多元共赢格局，让宁夏葡萄酒飘香全国，推动中国葡萄酒走向世界。

（一）宁夏葡萄酒产业高质量发展的战略布局

贺兰山东麓葡萄酒产区涉及 4 市 12 县（市、区）以及农垦集团 9 个国有农（林）场，总面积约 4820 平方公里。核心区包括贺兰县、西夏区、永宁县和青铜峡市的部分区域，核心区内以闽宁镇贺兰山东麓葡萄酒全产业链聚集展示中心为重点发展区域。在巩固优化现有产业布局的情况下，以贺兰山东麓葡萄酒地理标志产品保护区范围为核心，以三市九县和六个国有农场为重点，进一步构筑"32521"总体布局，推进葡萄酒产业布局区域化、经营规模化、生产标准化、产业数字化、营销市场化水平显著提升，龙头企业顶天立地、中小酒庄集群发展格局基本形成，生产加工销售可溯源网络体系初步完善，覆盖国内、畅通国际、线上线下全渠道营销体系全面构建。"32521"产业布局，即：建设3个国家级试验示范区（基地）（国家葡萄及葡萄酒产业开放发展综合试验区、国家农业〔葡萄酒〕高新技术产业示范区、国家"绿水青山就是金山银山"实践创新基地），打造两大优质原料基地（优质干白葡萄酒原料基地、优质干红葡萄酒原料基地），做强5大酒庄集群，培育20家以上龙头酒庄企业和10个世界级葡萄酒品牌，真正成为中国葡萄酒产业的引领者。

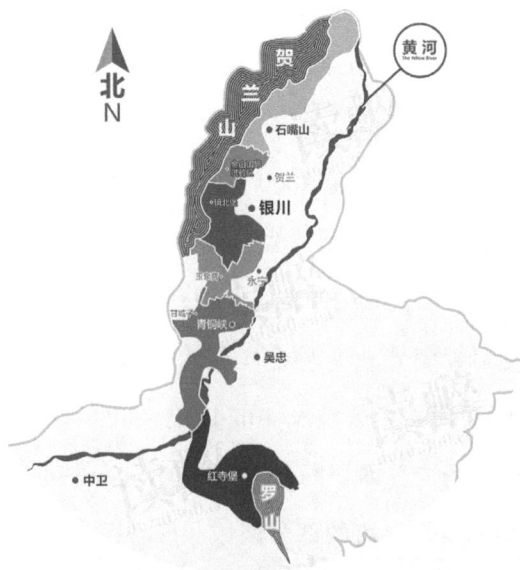

图6-1 贺兰山葡萄酒产区分布图

（二）宁夏葡萄酒产业高质量发展的战略举措

1.实施优质原料基地建设工程，夯实葡萄酒产业高质量发展基础

（1）优质原料基地品种布局。标准化酿酒葡萄种植基地建设是打造最优质产区的核心基础。要坚持规划引领，统筹区域布局、品种布局，根据各栽培区的自然条件和环境，确定最适宜最优质的发展品种，实现酿酒葡萄品种的区域化合理布局，推进产区酿酒葡萄结构化、特色化、差异化发展。重点分2个区域，在海拔1200米以下高标准建设优质干红原料基地，适当增加马瑟兰、马尔贝克、黑比诺等适宜品种。在海拔1200米以上高标准建设优质干白原料基地，适当增加霞多丽、贵人香、雷司令、长相思等适宜品种。具体为，红寺堡高海拔冷凉区：该区海拔相对较高，无霜期，生育期较短，选择适宜冷凉气候、生育期短的品种。以发展白葡萄为主，白葡萄品种以霞多丽、雷司令、白玉霓、贵人香等为主，主栽品种为霞多丽、雷司令；红色品种应选择以梅鹿辄、西拉等中熟品种为主，主栽品种为梅鹿辄。青铜峡、银川、石嘴山区：红色品种应以梅鹿辄、赤霞珠为主，白色品种应以霞多丽、雷司令、白玉霓、贵人香等为主，主栽品种为霞多丽、雷司令，并结合酒庄、酒堡优质形成多元化品种结构。

（2）优质种苗基地建设。进一步建设完善产区酿酒葡萄种质资源圃、品种园、采穗圃、繁育圃等种苗繁育基地，建立完善良种苗木三级繁育体系。基地建设所需苗木，全部实行由采穗圃统一提供种源或接穗，按基地建设进度规模，坚持统一定点定向育苗，确保基地建设所需苗木的品种质量和数量。针对产区风土条件，不断引进、筛选国内外优良脱毒酿酒葡萄新品种，持续开展品种区域化研究，扶持

区内外相关高校、科研院所开展抗旱抗寒抗病虫害的新品种选育培育，进一步夯实产区大发展对优新品种、良种壮苗、差异化精细化发展的需要。严格育苗企业准入制度，实行苗木繁育生产经营许可，培育壮大酿酒葡萄种苗骨干繁育企业，推行订单式繁育。加强苗木使用的管理，严禁区外调苗，严格苗木招投标制度，苗木质量要严格执行"一签三证"制度，严把苗木品种和质量关，确保基地建设高标准高质量。

（3）标准化酿酒葡萄种植基地建设。严守生态保护和永久基本农田红线，因地制宜、科学规划，利用现有适宜开发的荒地及部分可调整种植结构土地新建酿酒葡萄种植基地，从整地、施肥、栽植、病虫害防治、防寒防冻、节水灌溉、采摘等环节，严格执行《贺兰山东麓产区葡萄园建园技术规程》（DB64/T1708-2020）等技术规范标准。突出标准引领作用，制修订地方及国家行业标准，开展葡萄酒全产业链标准化试点工作。重点健全完善种植、酿造、深加工、包装、储运、地理保护、生态保护等操作性强、推广性强、实用性强的技术标准和规范落地执行。引导酒庄葡萄园向有机标准化葡萄园转型，鼓励企业参与有机食品、良好农业规范（GAP）等产品质量认证，促进葡萄酒品质提升。扶持产区具有出口资质的酒庄企业开展葡萄酒 HACCP 食品安全管理体系认证、BRC 国际质量认证、IFS 国际食品标准认证等国际质量认证，推动宁夏葡萄酒开放出口。鼓励企业、农村专合组织、专业大户通过租赁、承包、股份合作等土地流转方式成片开发农村土地，建立规模化、集约化、标准化的酿酒葡萄生产基地。鼓励集体将可垦荒山荒坡通过入股、租赁等方式盘活经营权，以利于企业成片开发荒坡荒山，建设酿酒葡萄基地。

（4）低产低效葡萄种植园改造提升。以提升酿酒葡萄质量、产量和综合效益为目标，实施分区域分品种调查，对缺株断带严重的葡萄园，通过拉枝压条和补植大苗等措施恢复园貌，使植株保存率达到90%以上。通过增施有机肥、节水灌溉、水肥一体化、架型改造等技术措施，恢复老藤树势和产量，使平均亩产稳定到500—800公斤。2025年前，完成产区现有20万亩低产低效葡萄园改造提升，优质酿酒葡萄基地达到90%以上。改造低质低效葡萄园，集成推广增施有机肥、拉（压）枝补蔓、科学修剪等改造技术，通过开展优质葡萄园评选，加强产业工人技能培训等工作，调动企业改造葡萄园的积极性。

坚持开放发展，面向国际、国内两个市场，加大招商引资力度，着力招引一批创新能力强、投资规模大、产业层次高、带动潜力足的旗舰型企业来宁投资建基地建酒庄。继续跟进首届葡萄酒博览会签约项目，进一步做好与中粮、华润、复星国际等大型企业的跟踪对接，力争引进一批投资项目落地。积极引进葡萄酒衍生品企业延长产业链，提高综合效益。

2. 实施技术创新工程，促进产业绿色发展

（1）提升科技创新能力。由科研单位牵头、梳理、收集、保存现有种质资源并建立种质资源清单。继续从法国、美国、意大利、格鲁吉亚等引进国际优良葡萄新品种（品系）及砧木资源，丰富宁夏乃至中国酿酒葡萄种质资源库，为下一步建设国家级酿酒葡萄种质资源圃打好基础。成立宁夏葡萄种苗检验检测中心，搭建具有开展葡萄苗木病毒检测、葡萄苗木品种鉴定等服务功能的检验检测平台。依托现有

资源基础，与中国科学院、中国农业大学、西北农林科技大学等科研机构和高校开展合作，加强抗寒、抗旱、耐盐碱品种的引选育，逐步培育拥有自主知识产权的新品种。开展酿酒葡萄品种基因测序工作，逐步建立宁夏产区酿酒葡萄品种（系）大数据库。联合区内葡萄酒专业技术人员，开展对本土化酵母产权研究、葡萄酒微氧管理技术、风土表征及产地划分体系研究等葡萄酒产业关键技术和瓶颈问题的联合攻关，以及绿色高效栽培技术、枝条填埋培肥改良土壤技术或利用葡萄枝条作为生物质燃料技术的研究，促进枝、叶等废弃物的资源化利用。以宁夏国家葡萄及葡萄酒产业开放发展综合试验区为引领，建设技术创新中心、重点实验室等科技创新平台，加强基础研究和应用技术开发，开展多学科、跨领域协同创新和全产业链技术攻关，加强葡萄酒产业关键共性技术研究。采取"企业化管理＋市场化运营"的模式，重点支持开展葡萄酒及相关产业的科技创新和成果转化、科技型企业孵化平台搭建等，鼓励建设产业技术研究院，推进产、学、研、用一体化。支持酒庄企业建设技术创新中心、工程研究中心等创新平台，提升自主创新能力，形成产学研用深度融合的创新体系。

（2）开展葡萄酒教育培训。依托贺兰山东麓葡萄酒教育学院，联合国内外文化艺术研究中心、教育机构共同建设葡萄酒教育培训基地，开展葡萄酒教育培训，采取初级、中级、高级进阶式培养，加强葡萄酒高端人才引进、中端人才培养、技术人才培训、爱好者培育和消费人群引导，逐步健全葡萄酒行业人才培养体系。

（3）打造葡萄酒产业人才高地。以培养全产业链人才队伍为目标，精准服务葡萄种植、葡萄酒酿造、葡萄酒营销、葡萄酒教育、产园区建设等关键环节，为葡萄酒产业高质量发展提供强大的人支撑和智力保障。协调推进萄酒产业高层次人才培养梯队建设，培养具有专业水平和国际视野的本土葡萄酒人才。加快葡萄酒教育推广，充分发掘国内葡萄酒消费市场，通过职业资格认证、产区课程培训、研学游、葡萄酒教育等进行教育宣传推介。制定"四师"薪酬指导意见，出台"四师"参评自治区各类人才、当选"科技特派员"的政策和办法，稳定"四师"队伍。依托宁夏大学等高校申请设立葡萄酒专业博士学位授予点、博士后工作站，制定柔性引进高层次人才奖励措施，通过挂职兼职、项目合作、特聘专家等方式，分国际性高端人才、国内领军人才及区内专业人才 3 个层次，定向引进培养一批急需紧缺的高层次领军人才。重点培养选拔自治区青年拔尖人才、托举人才及青年领军人才，支持助推本土具有硕士研究生及以上学历的人才深造，通过委托培养、定向培养等方式，支持攻读葡萄酒相关专业的博士（后），扩大未来葡萄酒领域申报院士的高端人才后备力量。鼓励有条件的企业自建研发中心，充分利用现有科技力量，加强企业间在品种优化、区域规划、栽培机械化推广、酿造技术完善、优质新产品开发、产品质量检验和人员培训等方面的交流合作和技术服务，为葡萄酒产业发展提供强有力的科技支撑。建立多级培训教育机制，发挥葡萄酒学院的高端专业院校作用，区县、农场等成立技术推广机构及良种苗木繁育中心，企业成立研发工程中心，引进专业酿酒师、品酒师、园艺师等人才。

3. 实施品牌提升工程，唱响贺兰山东麓产区品牌

统筹运用国际化、品牌化等各种手段加强品牌建设，政府主打产

区品牌，形成全球顶级葡萄酒产区品牌效应，引领中国葡萄酒走向世界；酒企主打酒庄品牌和产品品牌，尽快形成一批在国内外有影响、市场受欢迎、质量信誉高、规模效益好的酒庄品牌。实现产区品牌牵引、产品品牌支撑双驱动，全方位提升品牌影响。加强贺兰山东麓葡萄酒地理标志专用标志的使用和管理，加强对产区品牌、产品分级等关键环节的管理，保护好产区和产品品牌。

用好用足"中国（宁夏）国际葡萄酒文化旅游博览会"平台，创新办会模式，通过多主题、多形式举办国际葡萄酒旅游论坛，与世界主要葡萄酒国家、国内葡萄酒知名产区交流、合作，进行葡萄酒展销评选，以葡萄酒健康旅游为主题，办好影视艺术节，精心谋划葡萄酒品牌盛典活动，重点宣传推介贺兰山东麓产区酒庄及产品品牌。将博览会打造成市场化、品牌化、务实化的经贸合作和文化交流平台。

强化品牌宣传策划。建立葡萄及葡萄酒产业信息宣传中心，推进葡萄及葡萄酒产业信息交流，加大对外宣传推介力度，策划拍摄贺兰山东麓葡萄酒产业系列影视宣传片，打造酒庄特色文化，讲好贺兰山东麓葡萄酒产区故事和酒庄故事。充分利用各类载体，做好重要目标城市及消费群体的宣传推介。下功夫做好产区获奖葡萄酒品牌宣传，提升产区国际知名度。

加强对外交流，拓展营销渠道。立足畅通国内大循环、融入国内国际双循环，建立多载体、多层次、多渠道营销网络体系，培育销售额过亿的品牌酒庄，在国内建成产区葡萄酒直销体验中心。一是拓宽营销渠道。鼓励酒庄企业在目标市场和重点区域建立直销体验中心，在国内各机场候机楼、高铁站、城市商业中心区销售贺兰山东麓葡萄酒打造爆款单品、限量版、限定款葡萄酒产品，推动更多宁夏葡萄酒进入星级酒店。二是体验式销售。通过研学游等形式，吸引葡萄酒爱好者到产区进行体验，开展葡萄园认领、葡萄酒现场订购等活动。邀请国内外葡萄酒经销商到产区体验，达成采购合作。三是线上营销。继续加强同线上电商平台的合作，推进贺兰山东麓葡萄酒线上营销。在主流社交媒体平台、视频平台开设产区运营号。通过世界葡萄酒大师、国际葡萄酒圈名人、国际酒评人个人公众号推介。四是加大出口力度。进一步加大在法国、德国、比利时、英国等国家推介力度，加强与联合国、驻华使领馆、商会等机构保持紧密沟通，推动贺兰山东麓葡萄酒成为指定用酒。制定出口优惠政策，鼓励企业走出去，为有出口需求的企业提供咨询服务。

4.实施精品酒庄培育工程，引领产业集群发展

坚持以点带面，集中优势资源培育龙头企业，支持大中小酒庄企业竞相发展，引导中高端、大众化产品合理配置，进一步拓展葡萄酒产业对外开放新途径，力争打造出几个宁夏的中国品牌乃至世界品牌。加强资源整合。鼓励酒庄（企业）探索建立"强强联合""强弱联合"等多种模式联合体，整合产区种植、加工、销售、人才、设备、服务资源和力量，抱团发展。支持贺兰红、西夏王、张裕摩塞尔十五世、长城天赋、西鸽、贺兰神、志辉源石等规模性企业做大做强，鼓励西鸽、贺兰神酒庄上市发展，培育规上酒庄企业，发挥引领作用。结合酒庄各自优质，实现差异化发展。指导玉泉国际、张裕摩塞尔十五世、志辉源石、贺东庄园、贺金樽等以休闲度假为主的酒庄，积极完善休闲度假功能；指导贺兰晴雪、银色高地、留世、迦南

美地、长河翡翠等侧重出口的酒庄，对标国际，严格生产工艺和产品标准，研究国外市场需求，加大开拓力度；指导天河通夏、仁益源、密登堡等新进入市场的酒庄，进一步完善基础功能，加快市场开发，提升知名度。四是加快酒庄审批建设进度。严把酒庄建设标准，优化酒庄审批流程，加快推进已种植基地的企业申报审批酒庄、已审批酒庄未建的尽快开工建设。葡萄酒酿造及其他加工业，实现了葡萄从第一产业向第二产业的过渡。在葡萄文化区建立葡萄工业基地，扶持或吸引相关企业在当地设厂，发展葡萄酒、葡萄干、葡萄饮料等葡萄深加工技术，带动当地农民转化为产业工人。同时可通过景区发展旅游产业与葡萄产业结合，形成景区带动相关观光、商贸、休闲、娱乐、度假等系列产业体。

5. 实施葡萄酒文化旅游融合工程，不断提升"全球葡萄酒旅游目的地"的影响力

依托贺兰山沿线丰富的旅游资源和独特的历史文化、农耕文化、黄河文化，科学规划，因地制宜，统筹推进规模化葡萄种植基地、生态化葡萄廊道、主题化葡萄酒小镇、优质化葡萄酒庄建设，大力发展葡萄健康休闲旅游，实现葡萄酒文化旅游深度融合，不断提升宁夏"全球葡萄酒旅游目的地"影响力。加快实施贺兰山东麓葡萄酒旅游项目。依托酒庄、葡萄园融合旅游景区，将酒庄与酒庄、酒庄与贺兰山沿线景区"串点成线"，构建葡萄酒文化旅游体系，深度开发3—5日的葡萄酒研学游线路。启动建设贺兰山东麓精品旅游项目建设，在完善城市酒窖旅游功能，为游客创造一个集中体验营销场所。推进葡萄酒小镇等项目建设。突出高端化、绿色化、智能化、融合化，建设

配套基础设施。支持开展各类葡萄酒文化旅游活动。鼓励酒庄补齐文旅短板、完善接待功能，开发葡萄酒文化周边产品，开展自酿体验活动和文体活动。推进葡萄酒与文化深度融合。积极对接国内外文艺体，邀请知名作家、导演、演员来宁采风，创作以葡萄酒为主期的小说、剧本和影视作品，打造"明星产地"和"粉丝打卡地"，支持创作以贺兰山东麓葡萄酒为主题的歌舞、小品、舞台剧等，结合文化旅游推广活动常年向游客演出。

6.实施质量提升工程，促进产业高质量发展

（1）完善葡萄酒质量检验检测体系。加强宁夏葡萄与葡萄酒检验检测能力建设，在自治区市场监管厅、农科院、宁夏大学等单位的检验检测能力基础上，增加设备、提升功能、补充人员，进一步拓展葡萄园土壤、苗木、农药残留、葡萄酒理化及风味物质等全过程检验检测能力，建设国家级葡萄酒检验检测中心，完善长效检测机制，为产区生产提供技术诊断服务，为产区葡萄酒特性分析和品种区域化研究提供数据支撑。帮助酒庄酒企培养葡萄酒检验检测人才，促进产区葡萄酒质量效益整体提升。

（2）构建质量追溯体系。大力推进葡萄酒产业数字化建设，加快产业数字平台和网络基础设施建设，重点建设宁夏贺兰山东麓葡萄及葡萄酒大数据中心。开展宁夏乃至中国葡萄及葡萄酒"大数据研究"，从产区风土、园区原料、酿造加工、葡萄酒、灌装、储存等全过程实现数字化智能化管理。建立数字信息跟踪平台，收集从田间到餐桌全过程的各项数据信息，建设"一瓶一码"质量追溯体系，分析研究酒庄酒企葡萄酒年谱和品质品牌谱系，为产业管理部门、科研机构、酒

庄企业提供产业发展大数据支撑。

（3）葡萄酒质量管理升级行动。支持鼓励酒庄酒企开展绿色、有机和"良好农业规范（GAP）"、"良好生产规范（GMP）"、产地环境认定和产品认证，开展酒庄酒企 HACCP、ISO 9000 等质量管理体系认证，促进葡萄酒品质提升。扶持有出口资质的葡萄酒企业开展国际葡萄酒质量认证，充分利用中欧地理标志互认，推动宁夏葡萄酒走向海外。

## 二、枸杞产业

以现代枸杞产业高质量发展为目标，全面贯彻落实自治区党委办公厅、自治区人民政府办公厅联合印发的《宁夏现代枸杞产业高质量发展实施方案》，在省级领导现代枸杞产业高质量发展包抓工作机制的坚强领导下，突出宁夏枸杞道地产区优势，做实一产、做强二产、做优三产，实现三产融合新突破，推进枸杞产业优化升级，全面提升产业竞争力。总的发展思路和目标概括为"123456"，即唱响"中国枸杞之乡"这一战略定位，着力打造"宁夏枸杞""中宁枸杞"两个区域公用品牌，建设中国枸杞研究院、国家枸杞质量检验检测中心（宁夏）、国家级中宁枸杞市场 3 个国家级平台，构建枸杞标准、绿色防控、检验检测、产品溯源 4 大体系，打造枸杞标准制定发布、精深加工、科技研发、文化传播、市场交易 5 个中心，重点实施基地稳杞、龙头强杞、科技兴杞、质量保杞、品牌立杞、文化活杞 6 大工程。到 2025 年，枸杞种植面积稳定在 70 万亩左右，全区枸杞鲜果产量达 70 万吨，良种使用率达 98% 以上，清洁能源设施制干率达 80% 以上，全区形成较为完备的枸杞病虫害监测预报及绿色防控体系和监督考核工作机制，培育大型枸杞病虫害社会化专业绿色防控服务组织3家以上，全区枸杞病虫害现代信息和监测预报覆盖率达到100%，枸杞病虫害绿色防治技术应用率达100%，统防统治率达90%，鲜果加工转化率达到40%，枸杞产业综合产值突破500亿元。2035年，宁夏现代枸杞产业高质量发展再上新台阶，综合产值突破1000亿元。

（一）宁夏枸杞产业高质量发展的战略布局

进一步优化"一核二带"产业布局，强化龙头带动，注重科技支撑，提升产品质量、扩大品牌效应，厚植文化底蕴，全面推动宁夏现代枸杞产业向种植规模化、管理规范化、质量标准化、市场品牌化和形态一体化高质量发展。

1. 枸杞核心产区

中国枸杞之乡中宁县，是宁夏枸杞的发源地、道地产区。依托"中宁枸杞"品牌优势和枸杞集散中心的有利因素，突出中宁县作为宁夏枸杞核心产区、全国枸杞产业特色优势区、国家级枸杞专业批发市场、全国最重要的枸杞集散地优势，瞄准高端市场，高起点谋划，紧紧围绕枸杞良种繁育、精深加工、仓储物流等全国枸杞良种繁育中心、全国枸杞产业仓储物流中心、全国枸杞加工区中心等建设，做强做优核心产区。

2. 枸杞产业带

宁夏枸杞清水河流域产业带，包括沙坡头产区、红寺堡产区、同心产区、海原产区、原州产区等。该区域地处宁夏中南部，属黄土高原半干旱气候类型，年平均降雨量200—400mm，干旱少雨，日照充足，昼夜温差大。固海扬水和扩灌工程的实施，为清水河流域枸杞产业发展提供了灌溉保障。发展定位：立足当地资源优势，结合乡村振兴和生态移民迁出区生态修复，充分利用优惠政策和扶持资金，释放叠加倍增效应，重点发展果用、叶用枸杞，培植叶用枸杞产业富民新业态，使枸杞产业成为促进农业现代化发展和农民增收的助推器。

宁夏枸杞银川平原产业带，包括利通产区、西夏产区、兴庆产区、贺兰产区、永宁产区、平罗产区、惠农产区等。银川平原土地平坦，光热资源丰富，日照时间长，昼夜温差大，又有引黄灌溉的便利条件，是宁夏枸杞优势种植区之一。发展定位：充分利用银川及其周边地区的科研优势、区位优势、人才优势等，重点发展果用枸杞；城郊地带结合打造田园综合体，发展枸杞特色旅游业，推动三产融合发展，延伸产业链，提高产品附加值，提升产业整体发展水平。

（二）宁夏枸杞产业高质量发展的战略举措

1.大力实施基地稳杞工程

（1）强化种苗繁育。提升国家级枸杞林木种质资源库、自治区级良种苗木繁育基地示范县和自治区级枸杞良种繁育示范基地建设管理，完善配套设施。加强种质资源创新和评价利用，培育壮大一批育繁推一体化的枸杞种苗企业，加快标准化繁育技术推广，提高良种穗条和良种壮苗供应能力，打造宁夏枸杞良种繁育示范区，建立枸杞种苗质量溯源机制。

（2）加强标准化生产基地建设。基地是产业发展的根基，基地建设标准化是现代枸杞产业高质量发展的基础。在大力推广标准化种植、规模化发展，积极引导传统分散的种植模式向集约化适度规模转变，推动"龙头企业＋合作社＋农户"种植模式，鼓励新型生产经营主体通过土地流转、茨园托管等形式提高规模化经营水平，支持新植基地适度规模发展。对现有低产低效园通过土壤改良、增施有机肥、水肥一体化管理、专业化修剪等措施进行提升改造，配套完善水利、生产道路等基础设施，实现现有枸杞种植基地提质增效。在标准化栽培上下功夫，完善《枸杞规范化栽培技术手册》，加大"良种＋良方"技术培训推广力度，做好对企业技术骨干和所有生产技术人员培训的"两个全覆盖"。开展高产优质种植基地评比和茨农技能大赛，营造学习技能的浓厚氛围，带动全区种植水平的整体提高。

（3）建设标准化生产示范基地。以创建"百、千、万"绿色优质丰产示范基地为载体，以点带面，通过试验示范集成创新、展示培训、科普教育，推进品种选择、生产过程、终端产品的标准化，加快枸杞新品种、新技术、新装备的推广步伐，把标准化生产示范基地建设成为原料供应基地、优质产品的第一车间。重点实施"两减一增一提高"（减化肥、减农药，增施有机肥，提高单位面积产量）行动方案。充分发挥枸杞病虫害现代信息化监测平台的作用，不断壮大现代信息化枸杞病虫害测报队伍；大力推广枸杞病虫害"五步法"绿色防控技术，实现枸杞病虫害现代信息化监测和绿色防控技术全覆盖，为宁夏枸杞质量安全夯实基础。因地制宜发展休闲农业、观光农业，实现农旅互动、融合发展，提高优质农产品的产业化水平。

2. 大力实施龙头强杞工程

宁夏作为枸杞的道地产区和最早发展枸杞产业的地区，枸杞研究能力、企业数量和枸杞深加工能力在全国枸杞主产区处于领先水平，枸杞产品种类也较多，这是宁夏与其他枸杞主产区相比最为突出的优势，因此，宁夏要更加充分发挥这些优势，要更加突出精深加工环节，重点引进一批药品、保健品、功能性食品以及食品添加剂等加工企业，壮大一批科技型龙头企业。鼓励优化重组、兼并重组，培育一批能带动种植、连接市场、引领三产联动的领军企业。支持龙头企业向前端延伸，带动家庭农场等各类新型经营主体建设原料基地；向后端延伸，建设物流营销和服务网络。积极研发高端产品，在枸杞高端饮品、保健品、化妆品、食品添加剂等精深加工产品批量生产上下功夫，以精深加工集群发展推进现代枸杞产业转型升级。通过财税、用地、金融、电力等优惠政策，重点创建一批集聚度高引领性强、影响力大的，集枸杞标准化示范种植、深加工医药及健康产品生产、药食同源功能性食品生产、仓储物流、社会化专业服务等功能为一体的国家级示范园区和自治区级产业园区，吸引区内外大中型企业入园，培育孵化一批中小微科技型企业。积极在核心产区创建国家级枸杞示范园区，在银川平原产业带和清水河流域产业带创建自治区级枸杞产业园区，提升软、硬件建设水平，补齐宁夏枸杞精深加工短板，打造宁夏现代枸杞产业高质量发展平台。

3. 大力实施科技兴杞工程

（1）加强科技创新平台建设。在现有国家枸杞工程技术研究中心、农业农村部枸杞产品质量监督检验测试中心、国家林业局枸杞工程中心等国家级研究中心的基础上，整合优化现有技术、人才等科研资源，建设中国枸杞研究院。培育自治区级和国家级枸杞功效物质成分重点实验室，建设枸杞科学观测实验站。深入推进东西部科技合作，鼓励企业联合高校、科研院所创建各类科技创新平台和新型研发机构，支持企业组建创新联合体，加强共性技术平台建设。综合利用大数据、区块链、云计算、物联网等技术，推动信息化、智能化在枸杞品种改良、病虫害监测预报、种植管理、新产品开发、加工制造、销售服务等环节全面覆盖、深度融合、综合集成。

（2）强化科技创新。围绕种质资源评价与利用，重点开展药用、鲜食、叶用、加工等功能性枸杞优新良种培育、种质创新，选育具有宁夏区域表征、高产、多抗的当家品种；围绕解决低产低质低效问题，重点开展品种区域化试验、绿色丰产生态栽培、农机农艺融合、修剪技术、驱鸟技术、预防裂果技术、有机种植技术等试验研究；围绕智能化在枸杞生产中的应用，重点开展 5G 智慧庄园、5G 智能鲜果采收机械、病虫害监测与防治等技术攻关；围绕枸杞药食同源特性，重点开展功效物质提取工艺及活性保持研究，加强“药”字号、“健”字号及“枸杞 +”等功能性产品以及食品、饮品、保健品、药品等产品研发。强化企业创新主体地位，鼓励企业大力开展院企院地、科企科地、校企校地合作，加强技术创新，推动更多新品种、新技术、新工艺、新装备等创新成果的产业化转化。

（3）发展社会化服务。引导壮大社会化服务组织，在生产资料供应、生态种植、病虫害预报及绿色防控、水肥一体化、中耕除草、农机服务、整形修剪、采摘服务、清洁能源设施制干、色选分级、仓储物流、产品研发与技术升级、包装材料及设计、信息服务、劳动用工、原浆生产、产品质量监管和质量追溯、产品流通、融资担保、销售经营、出口代理等各个环节实现精细化、社会化专业分工，提高组织化程度，同时培育综合性大型社会化服务组织。加快建设清洁能源设施制干服务中心。引导生产经营主体委托社会化服务组织集中采购生产资料，开展规模化机械作业、标准化生产加工，推广应用先进技术和装备，实现专业化生产经营。

4. 大力实施质量保杞工程

（1）抓好质量安全。充分发挥国家枸杞产品质量检验检测中心（宁夏）、农业农村部枸杞产品质量监督检验测试中心、银川海关国家枸杞重点检测实验室的作用，建设国家枸杞质量监督检验中心（宁夏），进一步加强检验检测队伍建设，完善质量检测检验体系，提高检测能力；加强行业部门抽检和企业自检，落实枸杞产品质量安全属地监管责任，确保入市枸杞应检尽检。严格农产品市场准入制度，严禁有安全隐患的枸杞及其制品进入市场流通。建立全区枸杞病虫害绿色防控体系，加强测报体系和信息化监测预报能力建设，充分发挥枸杞病虫害现代化信息监测预报平台作用，扩大监测预报范围，扩大绿色防控覆盖面。加强农药、化肥等投入品监管力度，加大枸杞种植区水、土壤、大气排放监测力度，确保产地环境安全。鼓励生产经营主体开展绿色食品、有机食品、GAP、GMP、HACCP 等质量认证，发展绿色、有机枸杞生产。全面推广以太阳能、电能等清洁能源为主的设施制干技术，提高枸杞生产安全水平。"十四五"期间，在每个主产县区建立 1—2 个枸杞病虫害绿色防控核心示范基地（面积 300 亩以上），全区共 20 个以上。全区设立重点监测基地 100 个、测报样点 1000 个以上，测报人员达到 300 人。枸杞病虫害现代信息化监测测报和绿色防控技术均实现 100% 全覆盖。

（2）建立产品质量溯源体系。构建以区域公用品牌和企业自主品牌互为补充的"宁夏枸杞""中宁枸杞"产品质量溯源体系。对种植、生产、制干、运储、加工、流通等全过程进行溯源，打造生产过程可控、质量安全可溯、品牌信誉可靠、带着标志上市的宁夏枸杞品牌保护质量安全保障体系，构筑起宁夏枸杞质量安全"堡垒"。完善"宁夏枸杞""中宁枸杞"市场准入制度，实现"宁夏枸杞""中宁枸杞"地理标志证明商标、标志标识、溯源标志全覆盖。鼓励经营主体积极开展产品质量溯源建设。

（3）完善标准化体系。全面梳理研判现有标准，通过立、改、废，探索建立药用枸杞和食用枸杞分类标准，完善宁夏现代枸杞产业标准体系，推动宁夏枸杞质量安全标准与国际接轨。充分发挥国家枸杞标准化区域服务与推广平台的作用，加强标准指标验证、示范推广、宣传培训，指导生产经营主体对标生产、规范经营。加快标准化在生产、加工、物流、营销、服务全产业链各环节的普及应用和深度融合，充分发挥"标准化+"效应，助推产业高质量发展。

5.大力实施品牌立杞工程

（1）强化品牌建设。加强品牌保护管理，做好"宁夏枸杞"地理标志证明商标、国家地理标志产品保护和溯源标识，"中宁枸杞"地理标志证明商标和"农产品气候品质类国家气候标志"的使用、监督、管理。鼓励企业打造有辨识度的自主品牌，培育拥有自主知识产权和核心竞争力的产品品牌。鼓励企业积极参与中国质量奖、提名奖等奖项评选。鼓励枸杞企业积极开展国内外商标注册，采用"区域公用品牌+企业自主商标品牌"商标模式，多途径宣传、提升品牌知名度和影响力。

（2）大力拓展市场。加强中宁县国际枸杞交易中心升级改造，实现全国枸杞物流集散、价格形成、产业信息、科技交流、会展贸易、品牌建设"六个中心"目标定位。鼓励枸杞生产经营主体加强拓展国内外一二三线城市高端市场，知名中药材和农产品批发市场，主动对接京津冀、长三角、珠三角等发达地区，大力开拓南方沿海地区市场，开展大中城市驻点批发、社区到点零配等业务，创新产销对接模式，大力发展农超、农校、农企对接和个性化定制配送等新型营销模式，专柜专销、直供直销，建立稳定的销售渠道。创新"互联网+"电商营销模式，充分利用网络直播、电商平台的营销作用、扩展枸杞产品线上销售渠道和模式。

（3）加强宣传推介。办好枸杞产业博览会，举办"百家媒体中国枸杞行""全国知名药师医师道地宁夏枸杞滋补养生文化交流活动""枸杞康养产业高峰论坛""茨农技能大赛"等活动，提高博览会、采摘节、高峰论坛"一会一节一论坛"水平。加大宣传推介力度，加强国际信息交流与贸易合作，积极组织枸杞企业"走出去"，参加国内外有影响力和知名度的综合性、专业性会展。自治区和各产区人民政府要在中央和地方主流媒体上加强宣传引导，充分利用各种媒体特别是新媒体和宣传渠道，全方位、多角度向国内外宣传推介，讲好宁夏枸杞和中宁枸杞故事。在全国各省会城市的交通枢纽、4A级以上旅游景点、高铁、航站楼等设立长期大幅宣传广告牌、滚动电子屏等。建设枸杞产业信息中心（数字化平台），编撰《枸杞产业蓝皮书》，开办《宁夏枸杞》专刊，设立枸杞门户网站。依托自治区重要外事活动，协调有关部门策划和组织宣传推介活动，为枸杞产业对外交流合作牵线搭桥。发动全区干部群众，自觉宣传、维护"宁夏枸杞""中宁枸杞"声誉，使人人成为"宁夏枸杞""中宁枸杞"的宣传者、参与者、实践者、促进者。

6. 大力实施文化活杞工程

（1）推进枸杞产业和文旅产业融合发展。抢抓"大健康"产业发展机遇，不断发掘枸杞的中医药文化内涵，将枸杞医药养生文化与文化旅游产业及森林康养、养生保健、绿色产业等大健康产业融合，把枸杞文化旅游作为拉动枸杞产业发展的重要引擎。鼓励当地企业和农户积极参与枸杞文化旅游产业建设，建设枸杞特色小镇和枸杞康养休闲度假区，打造田园综合体，开设体验店（馆），开展枸杞采摘体验、杞乡观光旅游、枸杞红摄影展览、枸杞园直播展示等文化旅游项目，确定一批枸杞旅游景点和旅游精品线路，培育集枸杞文化、生态旅游观光、山水田园等特色资源于一体的康旅模式。举办枸杞专场文艺晚会，提升宁夏枸杞文化旅游影响力。

（2）推进枸杞养生文化与饮食产业融合发展。传承宁夏枸杞药食同源文化，围绕预防、治疗、修复、康养"四结合"注重枸杞特色饮食开发和创新，丰富饮食文化内涵，结合二十四节气挖掘枸杞养生文化，不断推进枸杞药用养生文化与饮食产业深度融合发展。举办"枸杞饮食文化节"，开展枸杞食品、饮品创新创意大赛等活动，打造弘扬枸杞饮食文化的平台。实施枸杞进餐饮行业行动计划，鼓励餐饮企业开发以枸杞果、茎、叶为主的枸杞菜肴、面食、茶点等食品，支持本土餐饮名店、老店，结合宁夏传统饮食习俗，推陈出新，开发创新"枸杞宴"，把枸杞养生保健文化的精髓体现在餐饮产业上。推动枸杞养生保健品、中药饮片和"健"字号产品上架区内外药店，推动枸杞保健品进药店、饮食制品进餐厅、进景区、进宾馆等。

（3）积极开展枸杞文化创意活动。挖掘"宁夏枸杞""中宁枸杞"民俗民风与历史故事，鼓励创作具有特色性和创新性的枸杞文化创意产品，把枸杞故事孕育于产地、产业、产品中。开发枸杞文创特色工艺品、伴手礼，发展枸杞文化衍生产业。举办枸杞文创艺术节，展示枸杞文创产品。鼓励企业建设枸杞文化展馆、展示中心。

## 三、肉牛和滩羊产业

充分利用自治区建设国家农业绿色发展先行区的政策机遇，坚持"优质＋高端"双轮驱动，以高产高效、优质安全、绿色发展为目标，以农业供给侧结构性改革为主线，以提升全产业链竞争力为核心，着力构建现代畜牧养殖、动物防疫和加工流通体系，推进布局区域化、经营规模化、生产标准化、发展产业化，加快养殖场升级改造和标准化建设，加大产销衔接力度，提升品牌效益，全面提高肉牛、滩羊产业发展质量效益和竞争力，推进肉牛和滩羊产业高端化、绿色化、智能化、融合化发展，做强"盐池滩羊"品牌，努力打造全国优质肉牛良种繁育基地、高端肉牛生产基地和中国滩羊之乡。

（一）肉牛和滩羊产业高质量发展的战略布局

以原州、西吉、隆德、泾源、彭阳、海原、同心、红寺堡8个县（区）为核心，突出发展优质肉牛繁育和特色牛肉加工；以平罗、永宁、中宁、沙坡头等引黄灌区县（区）为重点，加快发展肉牛高效育肥和优质牛肉生产。以盐池、同心、海原、红寺堡、灵武5个县

（市、区）为重点，加快滩羊核心区现代产业园和标准化规模养殖基地建设，建立完善引黄灌区和南部山区滩羊改良羊生产体系。到2025年，全区肉牛饲养量达到260万头，规模化养殖比重达到55%，综合产值达到600亿元。全区滩羊饲养量达到1750万只，标准化养殖技术普及率达到90%，精深加工率达到25%，实现滩羊产业全产业链产值400亿元。

（二）肉牛和滩羊产业高质量发展的战略举措

1. 强化标准化建设，夯实产业基础

充分利用自治区建设国家农业绿色发展先行区的政策机遇，着力构建现代畜牧养殖、动物防疫和加工流通体系，推进布局区域化、经营规模化、生产标准化、发展产业化，加快养殖场升级改造和标准化建设，加大产销衔接力度，提升品牌效益，全面提高肉牛、滩羊产业发展质量效益和竞争力。

（1）推动良种繁育体系建设。围绕建设发展高质量畜牧产业和现代肉牛、滩羊种业的需求，加强我区与中国农业科学院北京畜牧兽医所、西北农林科技大学等科研单位、高校的合作，开展肉牛、滩羊重大育种技术攻关，研究建立肉牛、滩羊生物育种技术体系；建设肉牛良种繁育基地，增加优秀种公牛羊、基础母畜供种数量，做好本土牛良种资源开发，实施基础母畜良种扩繁计划，培育一批性能优良的基础母畜。切实保护好、利用好、发展好本土的良种优势，同时可通过自主育种成果反哺市场，通过销售种牛、冻精等模式提升产业经济效益；持续组织实施好滩羊良种繁育试验示范、滩羊核心群保种选育、滩羊多胎基因导入选育群建设等项目。以滩羊本品种选育为主线，以基因编辑育种、多胎基因导入等技术为辅助，建设滩羊良种繁育基地，培育壮大繁育龙头企业，建立滩羊选育研、选、育、推一体化生产体系，推进滩羊品种提纯复壮。紧握盐池滩羊、泾源黄牛种质资源自主产权，继续实施良种补贴，加强繁育基地与标准化规模化养殖场合作，为畜牧产业高质量发展提供优良品种保障。

（2）实施规模化标准化养殖。针对规划建设、设施配套、规范管理、高效养殖等关键环节，持续更新优质肉牛和滩羊养殖技术与观念，强化先进工艺、先进设备、先进技术的引进示范和推广应用，加快老旧舍规范化改造和新舍建设，建设标准化示范养殖场，全面推广标准化养殖模式，以数字化为手段，推进云计算、物联网、人工智能等技术与畜牧产业深度融合。引导养殖场建设数字云管理系统，建设5G站点，建立覆盖全场的电子监控系统，实现养殖档案载明的所有信息及生产数据实时可查、精准分析，提高肉牛、滩羊的规模化养殖水平。大力推广家庭牧场，引导农户采取土地流转、租赁等方式整合资源，改善基础设施条件，培育壮大家庭牧场等新型经营主体，发展适度规模经营，提高规模化养殖水平。加快养殖小区建设，鼓励引导养殖出户入场，促进人畜分离，实现标准化、规模化养殖。鼓励养殖龙头企业发挥引领带动作用，与养殖专业合作社、家庭牧场紧密合作，形成稳定的产业联合体。完善畜禽标准化饲养管理规程，开展畜禽养殖标准化示范创建。

（3）推进草畜协同发展。以提高种养效益为目标，支持专业化饲草生产加工企业、合作社和种养大户集中连片推进青贮玉米、优质饲草种植，补贴安装喷灌、滴灌、水肥一体化设施等，全面推广高效节水灌溉和水肥一体化技术，提升饲草种植灌溉技术水平，提高农业水资源利用效率和饲草综合生产能力，增强优质牧草供给能力，建立低成本高产出的草料生产利用体系，加强饲草生产与养殖需求衔接，推动饲草种植加工与肉牛、滩羊养殖融合发展。以环境载畜力布局养殖量，按照"种养结合、农牧循环、就近消纳、综合利用"的思路，推行清洁养殖，支持规模养殖场配套完善粪污处理设施，推动粪便堆肥发酵、有机肥生产和还田利用，构建"饲草种植—肉牛、滩羊养殖—有机肥加工—饲草种植"的种养循环模式，促进种养结合、绿色循环、可持续发展，打造生产高效、环境友好的循环发展示范基地。在保护生态的基础上提升天然草原生产力，繁育和引进优质饲草品种，在保障永久基本农田的基础上，进一步优化种植结构，加大"粮改饲"力度，建设青贮玉米、一年生饲草、苜蓿等优质饲草种植基地，推广柠条等非常规饲草资源开发和秸秆加工调制利用，加强饲草料加工、流通、配送体系建设，建立健全多元化饲草供给保障体系。加强天然草原适播牧草品种筛选繁育，开展混播饲草地补播改良试验示范，加大天然草原改良，丰富牧草结构，提升天然草原生产能力。探索鼓励有条件的区内企业通过土地流转、个人或企业承包、统购统销等模式，流转租赁周边省区闲置土地、存量空地或农民、村集体自有土地，开展饲草料定向种植，政府可制定相应补贴政策，实现饲草料异地生产，本省区流通，弥补我区饲草料种植面积不足，满足不断扩大的市场需求。

（4）提升养殖安全水平。强化兽药饲料风险管控，开展兽药和饲料产品监督抽检和企业现场监督检查，从源头发现并消除质量安全隐患，提高畜产品质量安全水平。建立完善动物疫病免疫、监测预警、应急处置机制，压实养殖场户防疫主体责任，强化各级动物卫生监管责任，提高动物疫病综合防控能力。打造畜牧业生态环保生产环境，支持粪污处理设施装备改造，加强先进工艺和设备引进应用，提高畜禽废弃物无害化处理和资源化利用水平。建立病死畜无害化处理体系，实现统一收集、集中处理和资源化利用，构建科学完备、运转高效的无害化处理补贴机制。

2. 实施品牌提升行动，延伸产业链条

（1）做大做强精深加工。培育、引进从事肉品加工、饲草饲料加工、畜禽废弃物资源化利用、乳制品加工等领域的大型畜产品加工企业，打造加工产业大集群。支持肉牛滩羊加工、饲草料加工企业围绕主导产业开发新产品、研发新技术、创制新装备，提供品类更多、品质更优的加工产品，提高产品附加值。提升加工研发水平，研发牛羊肉精深加工、副产品综合利用技术，普及科学高效的牛羊肉分割技术，建立生鲜肉运输储藏环节全流程品质保持、风险管控和溯源体系。支持屠宰加工企业引进先进精深加工生产线、冷链配送设备等，开发适合中餐饮食习惯和牛羊肉有品质特性的精细化分割工艺和产品，提高市场接受度，发挥加工环节对养殖环节的拉动作用，做大做强精深加工，促进畜牧产业高值化发展，实现优质优价。

（2）完善物流营销体系。完善物流配送网络，提高物流配送专业化、规模化和现代化水平。支持龙头企业组建适度规模的冷链运输组织，建立合理库容量的冷库网点，在京津冀、长三角、珠三角等一二线城市群建立冷链配送体系，创新市场冷链物流经营模式，建立直销窗口和餐饮体验店，提高冷链物流的规模化、连锁化水平。在新零售和电商领域，充分利用旗舰店、体验店等实体营销平台和电商、自媒体直播等网络营销平台，针对中高端市场开展营销宣传，整合快递、物流等流通企业，推广"互联网+"、体验消费等营销新模式，建立集网络销售、餐饮连锁加盟、冷链配送等为一体的营销体系，全方位、多渠道推进中高端市场营销。大力发展直供直销，推广农超、农社（区）、农企等形式的产销对接，建立起线上与线下相结合、产地和销地市场相匹配、业态多元的交易网络。

（3）切实强化品牌培育。立足产业优势，深入挖掘"宁夏滩羊""六盘山黄牛肉"优质特征和品牌内涵，大力实施品牌战略，加快特色品牌建设，促进品牌优势向产区优势、生产优势、市场优势转化。培养政府、企业、协会等主体的公关意识，积极培育区域公用品牌、产品品牌和企业品牌。拓展品牌视野，提高品牌站位，将"盐池滩羊""六盘山黄牛肉"品牌提升为"宁夏滩羊""宁夏黄牛肉"，对区内饲养的肉牛均冠以"宁夏牛肉"品牌，迅速统一区内养殖主体共识，建立"宁夏黄牛肉""宁夏滩羊"认定体系并制定相关标准。在肉牛、滩羊核心产区建立集散中心，开展品牌认证工作，外省区引进饲养宁夏滩羊的养殖企业、农户开展认证认定，对符合相关标准和参数指标的畜产品授权相应品牌进行销售。拓宽品牌宣传渠道，加强宣传推介，举办各类文化节庆活动、宣传推介会等，扩大品牌影响力，定期通过对外推介、广告布展、自媒体平台等方式开展品牌公关。同时鼓励龙头企业参加国际国内农博会、农交会、农商互联大会等各类农业展会及"农民丰收节""美食文化旅游节"等特色节庆展会，用宣传唱响品牌，不断拓展中高端消费市场，提升品牌知名度、影响力和市场占有率，实现品牌溢价效益。

（4）促进产业深度融合发展。通过挖掘宁夏肉牛、滩羊产业文化价值，加快一二三融合发展，重点开展生态养殖、特色加工、休闲观光、科普交流为一体的农旅融合项目，通过农业、加工业、服务业的有机结合与关联共生，实现农旅融合，提升产业融合发展水平，赋能产业高质量发展。

3. 健全经营服务组织，增强产业活力

（1）发挥龙头企业带动作用。加强对龙头企业技术改造、示范推广基地建设、新型产品开发的支持力度，鼓励龙头企业兼并重组以及以订单生产、合作加工等形式与专业合作社、家庭牧场、养殖大户等新型经营主体合作，整合行业资源，组建产业联合体，构建不同类型的利益联结机制，发挥龙头企业在开拓市场、品牌营销等方面的优势，提升养殖生产端的经济效益，带动农民增收，实现产业高效发展。

（2）充分发挥组织化生产经营优势。加强专业合作社规范化建设，着力培育一批产业规模大、产品质量优、辐射带动强的国家级、省级示范合作社，发挥其在生产组织、农资采购、技术指导等方面的优势，为成员及其他生产经营主体提供技术指导、技能培训、农产品加工流通等专业服务。发展养殖专业合作联社，完善组织生产、统一服务、产品销售、对外联结等功能。引导合作社之间以及与其他服务主体之间的联合与合作，加强有效沟通，避免无序同质竞争，发挥各专业合作社自身优势，取长补短、合作共赢，增强抵御市场风险能力。

（3）实施产业联盟带动工程。培育壮大产业协会、产业集团、产业联盟，提升联企带农、技术服务、市场开拓、品牌营销等能力，引导联盟内主体明确各自产品定位、细分目标市场，建立集群、县乡、村户协调发展的上下联动机制，推行肉牛滩羊统一品种、统一技术、统一收购、统一品牌、统一饲料、统一销售的"六统一"发展模式，克服资源浪费，推动产业由同质化竞争向合作共赢转变，促进全产业链有效衔接，协调发展。

（4）发展专业化服务组织。整合科研院所和产业部门的技术力量，建设完善区、市、县、乡技术服务体系，组建技术支持团队，加大专业人才培养。积极引导龙头企业、科研院所等社会力量广泛参与畜牧产业社会化服务，支持社会力量建设社会化综合服务站，建立市场化服务机制，开展饲草种植、良种繁育、科学养殖、疾病防控、质量监测等全产业链服务，为产业化养殖提供产前、产中、产后全程服务，为实现产业标准化、规模化、绿色化、信息化发展保驾护航。

4.促进生产要素集聚，反哺产业发展

（1）加大土地政策支持力度。将产业发展用地纳入区、市、县空间规划，保障项目建设及生产设施用地。出台支持产业发展的土地承包经营权流转政策建议，完善土地流转服务平台建设，探索土地适度规模经营形式，鼓励农户采取土地流转、租赁、股份合作等方式整合资源，使土地向龙头企业、专业合作社、家庭牧场集中，以土地为媒介，构建多种利益联结和联农带农机制，形成产业发展联合体，实现规模化标准化发展。

（2）强化产业科技支撑。依托宁夏农林科学院，成立宁夏农产品加工研究所，加强与中国农业科学院、西北农林科技大学、江南大学等区外科研院所、高校合作，共建科技创新中心，搭建专家互动平台，开展良种选育、高效养殖、中高端牛羊肉生产、副产物综合利用等关键技术研究，加快新技术、新工艺、新设备引进，推进技术攻关转化应用，着力提高技术创新水平，为产业发展提供有力技术支撑。依托相关产业研究院，围绕品种保护、选育提高、健康养殖、产品开发等关键技术和关键环节开展技术集成示范、科技成果转化、人才培养等科技服务，加强应用型高级人才培育。支持现有的各类企业科研平台建设，鼓励通过自建或联合科研院校共建等方式，建设一批以企业为主体的技术研究中心，构建多层次、多功能、市场化的研发体系。

（3）提升产业信息化水平。提高畜牧产业综合信息服务，建立产业数据管理中心，完善牛羊肉和乳制品大数据管理平台和追溯系统，打造信息化服务平台，提供研发、育种、养殖、检验检疫、流通、加工、金融等一体化服务，支持各类新型经营主体引进应用智能化生产、数字化管理、网络化经营等技术和设备，为各环节经营主体提供技术服务支持、智能监控监管等物联网服务，推行 5G 大数据、物联网等信息化管理，实现大数据分析、云平台管理。推进智慧牧场示范建设，提高圈舍环境调控、精准饲喂、产品品质检测和质量追溯等智能化水平。

（4）创新金融扶持政策。加强涉农资金整合，建立以财政资金补助为引导、金融和社会资本广泛参与的投入机制。设立投融资平台、担保贷款平台，完善担保风险补偿机制，采取"政府＋担保＋银行＋保险"的合作模式，通过"政府扶持、担保增信、银行贷款、分散风险"扶持方式，撬动更多担保机构、保险机构、新型经营主体投入产业集群建设。探索设立产业发展基金，吸引社会资本在融资、建设、运营等方面支持畜牧产业发展，采取资本金注入、财政奖励、投资补贴、贷款贴息等多种方式，稳定社会资本投资收益预期。

（5）培养多层级技术人才。与中国农业科学院、中国农业大学、宁夏大学等区内外高校建立人才引进与培养机制，培养熟悉当地产业特点及发展需求的高端技术人才，提高产业发展后劲。组建专家团队，定期开展巡回技术指导，培养当地"土专家"，适时解决产业发展中遇到的实际问题。开展科技推广培训，建立县、乡、村三级培训体系，针对专业合作社、家庭牧场、养殖大户、农村经纪人等农村实用人才开展专项技术培训，整体提升从业人员素质。

5. 密切利益联结，保障产业效益

（1）优化联农带农机制。完善利益联结机制，支持新型经营主体大力发展订单农业，推广"龙头企业＋产业协会＋订单生产＋基地农户""龙头企业＋合作社＋订单生产＋基地农户"等模式，与养殖基地农户、专业合作社、家庭牧场等签订生产协议，引导企业与养殖户建立契约型、分红型、股权型等多种合作方式。同时建立订单养殖风险保障机制，解决养殖户面临的资金、技术、销售等难题，开展产前、产中、产后服务，稳定实现农民增收、企业受益。

（2）完善产业链条利益联结。建立完善的全产业链利益联结机制，逐步培育优质优价体系建设，通过订单收购、股份合作、利润返还等方式，以龙头企业为主导，联合合作社、家庭牧场组建农业产业化联合体，从"同质竞争"转变为"合作共赢"，形成差异化竞争、功能互补的良好发展格局。推动养殖环节和加工环节利益联结，实行产加销一体化经营，形成"风险共担、利益共享、合作共赢"的紧密联结机制，健全各环节利润的合理分配机制，让养殖户分享全产业链增值收益，实现产业链各环节合作共赢。

## 四、奶产业

以高产高效、优质安全、绿色发展为目标，以供给侧结构性改革为主线，以提升奶产业全产业链竞争力为核心，以产业数字化为方向，以布局区域化、经营规模化、生产标准化、发展产业化为路径，进一步优化奶产业布局，扩大养殖规模，提升综合效益，推动一二三产业融合，加快奶产业高质量发展，把我区打造成国内领先的高端乳制品加工基地和中国高端奶之乡、国际一流的优质奶源生产基地。到2025年，奶牛存栏100万头，生鲜乳总产量550万吨，奶产业全产业链产值达到1000亿元。

（一）奶产业高质量发展的战略布局

综合资源禀赋、生态环境、产业优势、市场供求等因素，调整优化区域布局和产业结构。巩固提升兴庆、贺兰、灵武、利通、青铜峡、沙坡头、中宁等奶产业主产县（市、区）规模效益，支持建设利通区五里坡和孙家滩、灵武市白土岗、平罗县河东等现代奶产业园区。

（二）奶产业高质量发展的战略举措

1.加强良种繁育与推广

实施种业科技创新行动、畜禽遗传改良计划和现代种业提升工程，构建产学研融合、育繁推一体化的现代种业科技创新体系，加强优质高产奶牛新品种（系）培育和育种核心群建设，推动育种体系和良种繁育体系深度融合，加快奶牛良种选育扩繁，建立完善良种示范推广体系，提升奶牛核心种源自给率。推进中国（宁夏）良种牛繁育中心和奶牛胚胎推广示范中心建设，继续实施奶牛良种补贴项目，加强奶牛种质资源保护和利用。挖掘宁夏牛奶特异品质特征。开发高端乳基配料产品制备工艺和高端乳制品。

2. 大力发展规模化标准化养殖

加快推进标准化现代化奶牛养殖场建设，重点支持发展规模养殖场，引导养殖场因地制宜升级改造，合理扩大养殖规模。培育壮大合作社、家庭农场等经营主体，带动散养户出户入场、发展专业化养殖。深入开展标准化示范创建，以规模养殖场为主体，完善养殖场建设、良种繁育、饲草料调制、饲养管理、疫病防控等养殖全程标准体系，建立完善质量标准。加强大数据、人工智能、云计算、物联网、移动互联网等技术应用，建立畜牧业数字信息化管理平台，推进智慧牧场示范建设，提高环境调控、精准饲喂、繁殖与健康状态实时监测、畜禽产品追溯等智能化管理水平。加大养殖生产投入品监管力度，持续开展兽药、饲料和畜禽产品质量安全专项监测，确保畜禽及其产品安全。

3. 健全饲草料供应保障体系

调整优化种植结构和耕作制度，持续推进"粮改饲"工作，坚持"种养结合、草畜配套"一体化发展。支持集中连片种植高产优质苜蓿、一年生优质禾草，推广"一年两茬"复种模式，扩大优质饲草种植面积，建立多元化饲草保障体系。推广优质牧草新品种和高产高效生产加工利用技术，加强饲草料专业化服务组织建设，建立健全饲草料加工、流通、配送体系。大力发展饲料业，全面推行高效、环保、安全的饲料生产。加快生物饲料开发应用，推广低氮、低磷和低矿物质饲料产品。

4. 提升动物疫病防控能力

加强动物及动物产品运输指定通道、动物检疫申报点、运输车辆清洗消毒中心、病死牲畜无害化处理厂等建设。推进动物疫病净化，以种畜场为重点，优先净化垂直传播性动物疫病和人畜共患病，建设一批重点疫病净化示范场，支持有条件的地区和规模养殖场创建无疫区和无疫小区。改革和完善动物疫病强制免疫补助政策实施机制，推进规模养殖场户"先打后补"改革试点工作。按照现代畜牧业发展需求，加强动物防疫队伍建设，采取有效措施稳定基层机构队伍。依托现有机构编制资源，建立健全动物卫生监督机构和动物疫病预防控制机构，提升动物疫病监测诊断装备水平和能力。

5. 强化品牌培育

围绕高端产品研发、品牌创建、品质提升，加强宁夏优质奶产品宣传推介，积极申报培育"宁夏牛奶"地理标志产品和区域公用品牌，提升品牌知名度和影响力。做大"宁夏牛奶"的优质奶源影响力，开展牧场参观、挤奶体验、牧草采收、饲喂牛犊等乡村旅游观光项目，见证原料乳加工过程，品尝优质奶产品、乳品品质指标现场鉴定等产业流程。以优良品质、知名品牌引领奶业高质量发展。

## 五、冷凉蔬菜产业

冷凉蔬菜产业作为宁夏农业"六特"产业之一，要以绿色高质量发展为主题，以增加农民收入为核心，突出新发展理念，充分发挥宁夏资源禀赋和蔬菜品质优势，瞄准粤港澳大湾区、长三角经济带、京津冀都市圈等目标市场需求，围绕设施蔬菜、露地蔬菜、西甜瓜三大产业，坚持"布局区域化、产业融合化、生产标准化、经营规模化"的发展方向，突出主导品种，培育产业大县，强化品牌营销，加强产销衔接，科学构建现代冷凉蔬菜产业体系、生产体系和经营体系，努力打造冷凉蔬菜产业绿色高质量发展的宁夏样板，助推宁夏黄河流域生态保护和高质量发展先行区、国家农业绿色发展先行区建设。到2025 年，全区蔬菜面积达到 350 万亩，其中设施蔬菜、露地冷凉蔬菜、西甜瓜分别达到 60 万亩、230 万亩、60 万亩，总产量达到 750 万吨以上。

（一）冷凉蔬菜产业高质量发展的定位

宁夏光热充足，环境洁净，昼夜温差大，病虫害少，土壤有机质丰富、硒含量高，得黄河灌溉之利，生产的蔬菜口感鲜嫩、营养丰富、风味浓郁、品质优良。"好看、好吃、绿色、安全"的宁夏菜已成为粤港澳大湾区、长三角等地市民的首选菜，也成为全国高品质蔬菜的代表。因此，要充分发挥和巩固这些优势，坚持高品质、绿色、安全生产，以市场为导向，以绿色发展为引领，全面推广绿色、高效、标准化生产技术，打造高标准高品质蔬菜生产基地，着力提升加工能力、延伸产业链条，完善冷链物流体系，突出抓好全程质量控制和社会化服务，唱响"宁字号"品牌，全力打造产品优质、市场高端、效益突出的冷凉蔬菜产业，把宁夏建设成为具有全国竞争力的高品质蔬菜生产优势区。

（二）冷凉蔬菜产业高质量发展的战略举措

1.强化绿色高标准冷凉蔬菜生产基地建设

实施品种培优、品质提升、品牌打造和标准化生产"三品一标"行动。对接粤港澳大湾区、长三角经济带、京津冀都市圈等目标市场质量要求，以绿色食品、有机食品为发展方向，推行优质农产品标准化生产、绿色认证、分级销售、源头质量追溯等措施，完善种植管理技术规程，制定肥料定额用量，制定农药减量使用规范，制定栽培管理、分级包装、加工贮运标准，切实健全优化一批提质导向的绿色标准，制定一批带动产业升级的优质标准，研发一批引领健康消费的营养标准，并加强标准的示范推广、宣传培训，充分发挥"标准＋"效应。分区域、分作物，打造一批生产规模大、技术含量高、产销衔接紧密的绿色生产基地。推广一批绿色高质高效技术模式，实行统一品种、统一农资、统一标准、统一检测、统一标识、统一销售的"六统一"管理。建设一批标准化生产、规模化种植、商品化处理、品牌化销售和产业化经营"五化"绿色蔬菜标准园，巩固提升瓜菜产品品质。推广应用育苗新技术，鼓励新型经营主体建设大中型集约化蔬菜育苗基地和智能化育苗工厂，支持现有蔬菜集约化育苗基地改造提升，提升蔬菜种苗质量和商品化育苗能力。推进设施蔬菜配套完善物质装备条件，打造环境、管理、品质、效益"四好"设施农业园区；露地瓜菜开展品种优、技术优、管理优、品质优、价格优"五优"基地建设；大力发展蔬菜分级包装、保鲜储藏，完善冷链物流体系，聚焦优势品种、推行订单生产，打造京津冀、长三角和粤港澳大湾区的"菜园子"。

2. 推进产业绿色发展

充分发挥产地环境优势，大力推行标准化、绿色化生产，全面推广高效节水、减肥减药、土壤保育、种养循环等绿色发展模式，提高资源利用效率和绿色发展水平。示范推广绿色先进实用技术，大力推广粪肥还田利用、蚯蚓生物技术、高效轮作模式水肥精准管理、病虫害轻简化绿色防控等技术，示范应用宜机化安全设施、生物培肥、物联网智能化环境监测与调控等生产技术和太阳能储放热、光伏一体化等技术。在蔬菜生产集中区，推广尾菜沤肥、生物发酵堆肥，蔬菜茎蔓添加益生快腐菌打碎直接还田，加快残膜回收和尾菜综合利用，构建以绿色为导向的标准化生产技术体系。大力推广滴灌、微喷灌等高效节水灌溉技术，提高水资源利用率。推动大数据、云计算、物联网等现代信息技术在蔬菜生产中应用，建设一批自动化、智能化蔬菜节水灌溉系统示范基地，实现智能化节水。开展有机肥替代化肥行动，全面实施测土配方施肥，加快高效缓释肥、生物肥料、土壤调理剂等新型肥料的综合应用。开展冷凉蔬菜控肥增效试验示范，重点推广基于自动化监测的水肥一体化施肥技术，液体肥料高效施用技术。集成推广生物防治、理化诱控、生态调控等绿色防控技术，提高冷凉蔬菜植保无人机覆盖率。鼓励新型经营主体、专业化植保组织购买高效植保机械，提高农药使用效率。

### 3.进一步加强科技创新

强化东西部科技合作、产学研合作，开展基因资源挖掘、种质资源创新、生物育种、绿色优质生产关键技术集成创新、轻简化栽培、高效节水灌溉、化肥农药减量增效、病虫害绿色防控、蔬菜加工等关键技术攻关，培育一批具有自主知识产权的优新品种，提升蔬菜种植机械化、智能化水平，加快设施装备与专用品种和绿色高效栽培技术集成配套，推动育种创新、标准化制（繁）种、新品种推广和科技服务一体化发展。鼓励、支持企业围绕冷凉蔬菜和西甜瓜等产业组建各类科技创新平台。完善全区冷凉蔬菜"产学研推用"一体化产业技术体系，强化科技创新力量。深化区内外农业院校的战略合作，成立工作站，吸引各类"高精尖缺"人才投身全区冷凉蔬菜产业发展。推行柔性引才方式，支持区内外院士、专家，通过兼职挂职、入股合作等形式提供智力服务。积极开展多元化农技推广服务队伍建设，鼓励和引导高校、职业院校涉农专业毕业生到基层农技推广机构工作。

### 4.推进产业数字化、装备智能化发展

利用物联网、大数据、云计算、移动互联等新技术，统筹规划建设全区冷凉蔬菜产业数据资源体系，构建基础数据资源库，建立包括信息监测预警、生产全过程监测与质量追溯、投入品管理等大数据综合管理服务平台，实现区、市、县、乡（镇）四级资源共享，精准管控，为政府、生产经营者、科技人员等提供全方位精准化信息技术咨询服务，在产业大县率先开展数字蔬菜产业创新应用基地示范。推广设施环境自动调控、水肥一体化智能控制和作物生长信息监测等技术

装备，重点突破设施种植装备专用传感器、自动作业、精准作业和智能运维管理等关键技术装备，研制嫁接、授粉、巡检、采收等农业机器人和全自动植物工厂，实现信息在线感知、精细生产管控、高效运维管理。探索构建露地冷凉蔬菜规模化生产耕整地、播种、育苗等人机智能协作技术解决方案。

5.大力发展冷凉蔬菜加工

鼓励和支持农民合作社、家庭农场和中小微企业等发展产地初加工，重点推广采后处理、预冷保鲜、净菜加工、精品包装等技术与装备，减少产后损失，延长供应时间。积极发展腌制蔬菜、冷冻锁鲜蔬菜、黄花菜制干、休闲食品和方便菜等初加工，满足市场多样化需求，提高产品附加值。支持现有加工企业加快提升精深加工水平，引进新工艺、新材料、新技术，开发预制菜、果蔬汁、黄花菜面膜、酵素、功能性保健品、色素等精深加工产品，提升增值空间。积极探索西瓜皮、西瓜籽等副产物加工，推进产地精深加工和资源循环利用，促进资源梯次、高效、高值利用，提高废弃物综合利用率。

6.加强质量标准和品牌建设

坚持以标准化生产抓品质，以品质创品牌，以品牌增效益的原则，制定完善地方标准和技术规程。完善冷凉蔬菜全产业链标准体系，对接粤港澳大湾区、长三角经济带、京津冀都市圈等目标市场质量要求，以绿色有机食品为发展方向，制定推广生产管理、采收分级、分拣包装、品牌标识、冷链运输、产品质量追溯全产业链一体化标准。制定完善地方标准和技术规程，覆盖主导蔬菜品种产前、产中、产后全产业链，强化"宁夏菜"标准化生产体系建设，保障主要产品全程有标可依。加强冷凉蔬菜质量安全监管，完善以市级检测机构为支撑，县级农业综合执法机构为主体、监测信息平台为补充的区、市、县、乡（镇）四级质量安全监管体系。推动市县区将本地冷凉蔬菜生产企业、新型经营主体纳入冷凉蔬菜质量监管信息平台，实现生产、加工、经营等全产业链信息动态更新和监管，试行飞行检查制度，加强对企业、新型经营主体的生产监管。强化"宁字号"名优品牌建设，重点打造"宁夏菜心""宁夏番茄""西吉西芹""盐池黄花菜""六盘山冷凉蔬菜"等具有可辨识、易流通、有内涵的"宁字号"名优品牌，设计"宁字号"区域公用品牌标识和蔬菜包装箱。对按照统一标准生产、实现全程产品质量追溯的企业、合作社授权使用公用品牌标识和专用包装箱，扩大"宁字号"蔬菜品牌效应。建立品牌营销体系和宣传平台，借助全国知名农产品展会和外销市场，开展多种形式的品牌展示、推介和宣传，提升品牌影响力和产业竞争力。积极开展"两品一标"农产品认定和认证。

# 第七章　把宁夏打造成全国绿色、优质、安全农产品产区的保障机制

## 一、加强组织保障

### （一）强化行政推动

坚持把绿色优质安全农产品产区建设作为保障粮食生产安全和重要农产品有效供给的主要抓手，建立"区级抓总、市级协调、县抓落实"的三级政府推动工作格局，加强组织领导，强化行政推动。自治区成立以政府分管领导为组长，区属相关部门及各市负责人为成员的工作领导小组，加强顶层设计，制定全区绿色优质安全农产品产区建设规划，针对绿色优质安全农产品产区建设短板弱项，协调各部门配套出台发展扶持政策；县（市、区）成立以政府主要领导为组长，相关单位为成员的绿色优质安全农产品产区建设工作小组，结合区域产业发展基础，进一步优化产业布局，建设绿色优质农产品生产基地、加工园区、流通节点，加快推进绿色优质安全农产品产区建设。

（二）强化部门协调

组织协调自治区发改、财政、农业农村、科技、商务、市场监管及金融保险等绿色食品产业发展相关部门，构建"多方协同、齐抓共推"的工作格局，加强科技攻关、理论研究、战略规划和政策创设。自治区发改委、农业农村部门研究优化绿色优质农产品产业布局、制定产业发展政策，科技部门协调农业大学、科研院所等研究机构开展绿色农产品生产关键技术攻关，财政、金融、保险部门研究制定财政、金融全产业链支持政策，商务部门加快构建绿色农产品流通营销体系，市场监管等部门加快绿色农产品全产业链地方标准制修订，加强绿色农产品质量监管，各部门形成合力，共同推动宁夏绿色优质安全农产品产区建设。

（三）加强生产组织

充分发挥新型经营主体在绿色优质安全农产品产区建设中的主体作用，积极组织农业企业、专业合作社、产业联合体、家庭农场等新型经营主体围绕绿色优质安全农产品产区建设建立绿色优质安全农产品生产（种植、养殖）基地、加工园区、流通体系，不断扩大绿色农产品生产规模。积极组织新型经营主体推行良好农业规范（GAP）认证，加强生产全过程质量控制，积极申请绿色和有机产品认证，培育宣传绿色农产品品牌，扩大宁夏绿色农产品品牌价值。

## 二、坚持政策保障

（一）增强金融扶持力度

1. 健全财政投入制度

自治区有关部门（单位）要精准衔接国家、自治区产业规划，加大财政资金支持力度，全面落实补贴政策，进一步调整优化补贴范围、补贴环节和补贴标准；统筹做好脱贫攻坚和乡村振兴政策衔接，加大对调优农业产品结构、产业结构和夯实农业生产基础、提升农产品质量安全水平、增加优质农产品供给等方面的支持力度。自治区统筹整合相关项目资金，优先保障绿色农产品产区建设资金需求，重点支持农药化肥减量增效、耕地保护与质量提升、高标准农田建设、动植物病虫害防控、农产品质量安全监管、农业废弃物资源化利用、农业资源保护修复与利用等农业绿色发展项目，提高农业绿色发展水平。

2. 加大金融保险支持力度

充分发挥引导资金、担保基金、风险补偿金、产业基金、贷款贴息、专项债券的撬动作用，完善"政府＋银行""政府＋银行＋担保""政府＋银行＋保险"风险共担机制，激励金融机构采取放大贷款额度、合理确定贷款期限、扩大普惠贷款覆盖面、实施优惠融资费率等措施，推出更多面向绿色农产品产区的金融产品和服务。支持将生产厂房、大中型农机具、温室大棚、养殖圈舍、冷储设备及附属设施等纳入贷款抵质押范围，满足贷款主体的融资需求。持续加大农业保险"提标、扩面、增品"力度，将绿色农产品产区建设保障纳入中央和自治区财政补贴范围；支持县（区）开展绿色农产品生产保险，推动政策性农业保险由"保成本"向"保价格、保收入"转型。

3.激发社会资本投资活力

自治区财政通过以奖代补、民办公助、政府购买服务等多种方式，对工商资本投资绿色优质安全农产品产区建设予以支持。鼓励各类农业经营主体在基地建设、产品加工、品牌创建、市场营销等方面加大投资力度，通过吸纳农民就近就业、发展订单农业、开展股份合作等方式，促进小农户与现代农业发展的有机衔接，促进农民持续增收。进一步优化营商环境，深化"放管服"改革，简化绿色优质安全农产品产区建设项目审批程序和操作流程，及时发布发展规划、产业政策、行业动态等信息，营造公平、开放、透明的营商环境。

（二）完善优质农产品定价保护和风险防范制度

把优质农产品纳入保护价收购范围，并适当提高收购价格，严把农产品市场准入关，制定严格的法律、法规，加强上市交易农产品的检验检疫，把农产品质量安全作为考核相关部门和各级官员的重要指标，有效地市场上剔除以次充好的农产品。完善农业保险政策，增加优质农产品保险险种，完善相应条款。引导区内各级农业协会充分发挥桥梁纽带作用，联系政府、服务企业、促进行业自律。

## 二、统筹推进产区建设

各级农业部门要将农产品质量安全和绿色优质安全农产品产区创建作为质量兴农、推进农业供给侧结构性改革、加快转变农业发展方式、推动现代农业建设和保障公众健康的重要内容，纳入农业农村经济发展总体规划统筹推进。各产地要结合地区、产业发展实际，制定切实可行的农产品质量安全提升规划或发展意见，细化目标任务，明确职责分工，加大推进力度。政府应当为优质农业的发展提供相应的平台整合国家和自治区各类创新资源，综合运用各种创新政策，带动政产学研用协同创新、研发示范推广一体化服务、技术品牌文化生态深度融合，支撑引领宁夏优质农业向高端化、绿色化、智能化、融合化、品牌化发展。

## 三、强化技术支撑保障

（一）加强绿色技术创新

聚焦绿色优质安全农产品产区建设要求，实施农业绿色发展重大课题研究行动，联合区内外高等院校、农科院等科研院校，构建绿色农产品全产业链科技创新平台，集聚区内外专家人才组建绿色农产品产业专家团队，以新"三品一标"为重点，围绕绿色农产品生产、加工、贮存、流通等全产业链关键技术环节开展技术研究创新，加强对全区农技推广服务体系、生产经营主体开展培训，加快成熟适用绿色技术、绿色品种等创新成果转化应用，提升绿色优质安全农产品产区建设的科技水平。

（二）加强绿色农产品生产技术集成示范

要聚焦高质量发展要求，充分依托农业企业、专业合作社、产业联合体、家庭农场等新型经营主体建设的绿色农产品生产（种植、养殖）基地、加工园区开展绿色农产品生产技术集成示范，重点围绕枸杞、酿酒葡萄、奶产业、肉牛、滩羊及冷凉蔬菜产业的品种培优、品质提升、品牌打造和标准化生产，开展全产业链技术集成，以示范区为核心示范带动整体优质农产品产区标准化建设，提升整体生产水平。

（三）加强绿色农产品生产服务指导

围绕把宁夏打造成全国"最绿色、最优质、最安全"的农产品产区的路径、重点任务落实，建立区、市、县农业、科技等部门协同联动，积极探索构建新型智慧化科技服务体系、多层次科技示范体系和农村科技创业服务体系，引导和支持家庭农场、农民合作社、农业产业化龙头企业等新型经营主体参与社会化服务，开展品种改良、饲草料配送、疫病防控、技术培训、金融服务、产销对接等综合服务，建立公益性服务与社会化服务相结合的技术推广服务体系，全面提升产业发展前中后全程服务水平，增强全产业链科技服务能力。

## 四、加强人才保障

（一）加强绿色优质安全农产品产区管理人才队伍建设

进一步健全绿色食品工作体系，围绕充实工作力量，改善工作条件，发挥职能作用。落实工作责任，强化奖优罚劣机制，调动宁夏各级绿色食品工作机构和人员的积极性和主动性。创新方式和手段，提高培训质量和效果，着力提升绿色食品检查员、监管员的业务素质和能力水平。按照深化"放管服"改革的要求，切实加强作风建设，牢固树立责任意识、服务意识和廉洁意识，严谨规范高效开展工作，维护工作系统的良好形象，推动宁夏绿色食品事业持续健康发展。

（二）加强科技创新人才队伍建设

依托区内高校、科研院所和企业现有人才队伍，加强基础研究人才培养和高水平科技创新团队培育。利用宁夏大学、宁夏职业技术学院、宁夏葡萄酒与防沙治沙技术学院等高校专业优势，培养一批绿色食品产业专业人才。用好"政府出钱、企业育才"人才培养储备机制，发挥企业柔性引才机制作用，加强与食品领域国内外知名高校、科研院所的合作，引进高层次人才，提升企业技术研发队伍水平和能力。加大科技特派员选派力度，创新利益分配机制，提升科技特派员综合服务能力。依托国（境）外智力引进计划，引进一批急需紧缺海外人才，培养一批本土人才，为助推绿色食品产业高质量发展提供智力支撑。对接宁夏绿色优质安全产区建设人才需求，充分发挥现代农业产业技术体系创新团队作用，引导鼓励高校、科研院所、企业实施科技项目，开展基础性、公益性科研和共性技术、关键技术攻关，加快成果转化应用，面向市场需求合作开发新产品，引领支撑宁夏优质农业高质量发展。按照"领军人才＋创新团队＋优质项目（优势学科）"模式，加大现代农业领域国内外专家引进力度。

（三）加强基层农技推广服务人才队伍建设

推动基层农技推广机构建设，保障必需的试验示范条件和技术服务设施设备，加强绿色增产、生态环保、质量安全等领域重大关键技术示范推广。加强基层农业技术推广人员绿色标准化技术培训，提升推广人员标准化业务素养和专业技能，培养一批农业标准化工作的专家和骨干，在生产经营活动中能学标准、定标准、讲标准、用标准。支持基层农业技术推广人员进入家庭农场、合作社和农业企业，为小农户和新型农业经营主体提供全程化、精准化和个性化绿色生产技术服务。加强服务创新，积极引导社会力量参与社会化综合服务站建设，开展投入品使用、饲料配送、疫病防控、技术培训、金融服务、市场营销等社会化服务，全面提升产业发展前、中、后全程服务水平。

## 五、强化社会化服务保障

### （一）发挥协会作用

重点发挥葡萄酒、枸杞、牛奶、肉牛、滩羊、冷凉蔬菜等产业协会的作用，加强产业协会建设，通过组建联合会等方式，加强全产业链联系沟通，发挥好服务、桥梁、自律职能。

### （二）加强社会化服务指导

加快构建以新型农业社会化服务主体为依托、公共服务机构为支撑，经营性服务和公益性服务相结合、专项服务和综合服务相协调的新型农业社会化服务体系，如"田保姆"式的生产托管，农业科技推广服务云平台等。一是服务体系逐步健全。继续建设农业社会化综合服务站。二是服务功能进一步拓展。服务功能以技术指导、农资供应、测土配肥、统防统治、农机作业、信息服务"六项功能"为基础，向土地托管、金融服务、电子商务、市场营销、休闲观光、创意农业等领域拓展，以实现从单一公共服务向多种社会力量相补充转变，从生产领域向全要素延伸、一二三产业融合转变。三是服务模式进一步创新。培育"龙头企业＋一二三产业融合发展""金融服务＋全产业链""农机作业＋智慧农业""土地托管＋植保飞防""品牌农业＋粮食银行""市场营销＋订单农业""电子商务＋五优基地""技术服务＋全产业链""种养结合＋循环发展""党建引领＋产业融合"等模式，形成服务主体"多层次"、服务内容"多元化"、服务机制"多样化"的新格局。四是服务能力进一步提升。各服务站围绕技术指导、农资供应等服务功能开展合作式、订单式、托管式、全程式社会化服务，使服务面积逐步扩大，节本增效显著。

## 六、强化监管保障

（一）健全法律法规，筑起质量安全的"堡垒"

结合我区实际情况，大力推进和建立健全农产品质量安全地方政策法规，为质量安全监管提供法律依据和法律保障。借鉴发达省区经验和做法，体现以人为本，强调预防为主，涉及广泛领域，强化综合立法，注重衔接、配合与弥补。重点强调对农产品源头生产质量的控制，用法律法规体系引导、约束和规范农产品产业链条上的各个层级和流程的经营活动，努力构建健全、完善涉及农产品全链条的法规体系。

（二）加强过程规范化管理，为农产品质量安全"清源"

稳步推进绿色农产品全程质量控制，创建标准化生产示范点，优先选择在特色农产品优势区、农业绿色发展先行示范市、县（区）及农产品质量安全县，创建全国及自治区绿色食品原料标准化生产基地、有机农产品标准化生产基地，创建农产品全程质量控制试点，从生产经营主体、农业投入品使用、农事生产过程、农产品质量检测等全程质量管理。充分利用"大数据""物联网"等现代信息技术，推进农产品质量安全管控全程信息化。强化农业标准信息、监测评估管理、实验室运行、数据统计分析、"三品一标"认证、产品质量追溯、舆情信息监测与风险预警等信息系统的开发应用，逐步实现农产品质量安全监管全程数字化、信息化和便捷化，提高安全农产品产区构建效率。

（三）开展专项整治，扫除农产品质量安全"盲区"

注重从源头上防范安全风险，以构建全环节大链条保障机制为主线，建立完善农产品质量安全追溯平台，进一步丰富平台功能。加强农业投入品监管，每年开展农药、肥料、兽药、饲料等农业投入品质量抽检监测，保障农产品质量安全；强化备案管理，全面推行重点生产基地备案管理制度，以宁夏优势特色产业和"两品一标"企业作为试点，建立特色优质农产品生产经营主体检验检测库和信用激励机制，提升农产品质量安全诚信意识和信用水平；加强农产品质量安全检测监测，每年制定全区农产品质量安全例行监测（风险监测）和专项整治工作方案，加大检测频次数量和扩大抽检范围，做好农产品质量安全监测工作，保障绿色农产品监测合格率稳定在98%以上。

# 参考文献

［1］刘成玉．中国优质农业发展与农产品质量安全控制［M］.成都：西南财经大学出版社，2009：37-40.

［2］安巍．地理标志产品宁夏枸杞［J］.中国标准化，2008（12）：72-74.

［3］常姣姣．靖远县枸杞产业发展现状及思路［J］.农业科技与信息，2020（9）：70-72.

［4］成娟，郭明玲，金忠，辛平，王景芳．甘肃省经济林产品质量监管现状调查分析［J］.甘肃科技，2016（1）：1-3.

［5］宁夏回族自治区统计局、国家统计局宁夏调查总队．宁夏统计年鉴（2022）［M］.北京：中国统计出版社，2022.

［6］丁兆平．道地药材说枸杞［J］.家庭中医药，2017（1）：60-61.

［7］董俭堂．宁夏优势特色农业品牌化建设的对策研究［J］.中国商论，2011（34）：217-218.

［8］董誉婷，庞俊涛，李瑞瑶，唐鑫．宁夏有机红枸杞发展现状及提升路径［J］.全国流通经济，2021（21）：107-109.

[9]冯建森，马寿鹏. 酒泉市枸杞产业发展现状与对策研究 [J]. 甘肃科技，2016，32（22）：1-5.

[10]冯昭. 宁夏枸杞跳出保温杯 [J]. 中国品牌，2021（11）：82-83.

[11]高鹏，王亚飞，张翼飞，韩雪，于欢，赵建磊. 基于田野调查的宁夏中宁枸杞子产业发展的现状及对策研究 [J]. 中国中医药现代远程教育，2020，18（16）：154-157.

[12]高玉萍. 靖远县枸杞产业现状与发展对策探讨 [J]. 甘肃林业科技，2019，44（1）：44-46，50.

[13]郭卫春，高巨辉，井辉隶. 枸杞电商发展现状及对策 [J]. 现代农业科技，2017（02）：285-287.

[14]何月红. 中宁枸杞道地药材价值开发与商业价值营销存在的问题及对策 [J]. 现代农业科技，2019（23）：95-96.

[15]胡建玉. 靖远县枸杞产业发展现状及对策研究 [J]. 农业经济，2017（19）：9-10.

[16]胡美玲. 我国枸杞对外出口面临的问题与发展策略 [J]. 对外经贸实务，2018，357（10）：51-55.

[17]虎生福. 宁夏特色农产品电商销售状况的调查及对策分析 [J]. 商展经济，2021（18）：23-25.

[18]化希燕. 甘肃省景泰县枸杞营销现状及对策研究 [D]. 兰州：甘肃农业大学，2018.

[19]黄莉. "一带一路"机遇下枸杞产业发展布局和重点任务研究——以宁夏中宁县为例 [J]. 青海民族研究，2016，27（3）：94-97.

[20]晋军刚. 关于休闲农业经济品牌化发展的思考 [J]. 中外企业家，

2016（4X）：12-13.

[21]李冬梅，张艳珍，邓晓红，张东，裴利霞.巴彦淖尔市枸杞产业面临的挑战与对策 [J].内蒙古林业，2020（9）：32-34.

[22]李惠军，祁伟，张雨.关于宁夏枸杞产业发展的调查与思考 [J].宁夏林业，2017（4）：32-34.

[23]李慧，牟蓉.我国中药相关政策法规的发展现状与解析 [J].中医药管理杂志，2019，27（11）：5-8.

[24]李生晏，蔡志清，曹雪源，郭俊辉.枸杞栽植与田间管理 [J].石河子科技，1994（3）：51-53.

[25]李向东，康天兰，刘学周，曹占凤，武延安.甘肃省枸杞产业现状及发展建议 [J].甘肃林业科技，2017（1）：65-69.

[26]李耀辉，陈荃芝，秦建华.柴达木枸杞产业发展与金融支持 [J].青海金融，2017（6）：21-23.

[27]梁红.打造柴达木盆地的枸杞产业品牌 [J].中国国情国力，2013（10）：54-55.

[28]林兆霞."一带一路"视域下青海省枸杞产业发展现状及建议 [J].现代农业科技，2016（7）：335-336，338.

[29]卢立虹，伏咏梅.宁夏枸杞子的栽培技术 [J].中国果菜，2005（5）：16.

[30]卢有媛，郭盛，张芳，钱大玮，严辉，王汉卿，余建强，段金廒.枸杞属药用植物资源系统利用与产业化开发 [J].中国现代中药，2019，21（1）：29-36.

[31]雒晓兵.靖远县枸杞产业现状及发展建议 [J].大众科技，2021，

23（6）：82-84+93.

[32]马惠兰，刘英杰，孙天罡.新疆枸杞产业发展现状及其对策建议
[J].新疆社科论坛，2012（1）：15-17；36.

[33]马鹏生，朱溶月，白长财，余建强.宁夏枸杞植物资源及产业发
展调查[J].中成药，2021，43（11）：3245-3248.

[34]马荣.乡村振兴战略下宁夏枸杞产业发展对策研究[J].产业，现
代营销，2021（6）：81-82.

[35]马寿鹏，刘志虎.酒泉市枸杞产业标准化建设的问题与对策[J].
防护林科技，2016（5）：92-94.

[36]毛雪皎.宁夏枸杞的"现代"之姿[N].宁夏日报，2022-01-10
（003）.

[37]聂莹，赵丹华."一带一路"倡议下柴达木枸杞产业发展研究[J].
青海社会科学，2020（1）：87-94.

[38]阮怀军，封文杰，赵佳."互联网+"现代农业推动乡村振兴路
径研究[M].北京：中国农业科学技术出版社，2019（1）.

[39]时保国，杨文智.青海省有机枸杞产业发展现状与对策[J].安徽
农业科学，2019，47（7）：229-231.

[40]史良，邬海涛，郝月成，吴文俊，马洪霞.乌拉特前旗枸杞产业
发展现状与思考[J].内蒙古林业调查设计，2015，38（3）：137-
138.

[41]宋国芳，张建恒.宁夏枸杞栽植技术及病虫害防治措施分析[J].
种子科技，2018，36（2）：80-82.

[42]塔娜.宁夏枸杞标准体系研究及建立[J].现代食品，2019（21）：

56-57.

[43]塔娜.宁夏枸杞产业相关标准现状分析 [J].轻工标准与质量,
2018,162(6):18-19.

[44]王辉耀.以开放的人才政策支撑中国可持续发展 [J].中国科学院
院刊,2014(4):437-443.

[45]王文君,王丽君.甘肃靖远县枸杞产品开发现状及建议 [J].商场
现代化,2018(16):11-12.

[46]王香瑜.宁夏枸杞地方标准研究分析 [J].中国标准化,2021(1):
180-183.

[47]王治平,王学君,雁珍.加快河套地区枸杞产业化建设的思考
[J].内蒙古林业,2005(5).

[48]武振利,王健.青海省特色枸杞产业竞争力评价研究 [J].青海师
范大学学报(哲学社会科学版),2014,36(1):11-16.

[49]谢全山.柴达木枸杞的价值产业发展现状及病虫害统防统治探究
[J].青海科技,2021,28(6):110-112.

[50]徐常青,刘赛,徐荣,陈君,乔海莉,金红宇,林晨,郭昆;程
惠珍.我国枸杞主产区生产现状调研及建议 [J].中国中药杂志,
2014,39(11):1979-1984.

[51]杨道富,张晓耕,范维培,张玉莲.科技支撑海西特色农产品加
工产业发展的思考 [J].福建农业学报,2009,V(5):484-487.

[52]杨晓民,王彦,刘继德.白银市枸杞产业发展现状 [J].农业开发
与装备,2018(3):2,12.

[53]杨永光,曲劲亮.宁夏特色农产品流通体系 [J].中国商论,2018

（16）：1-3.

[54]曾理，付宇，陈一君.区域产业发展科技支撑能力指标体系研究
[J].四川理工学院学报（社会科学版），2015（2）：65-78.

[55]张洪明.农业供应链金融创新新研究[M].北京：中国金融出版
社，2017（9）.

[56]张建新.探析红寺堡灌区的节水灌溉措施[J].中国信息化管理，
2015（24）：166.

[57]张明哲.现代产业体系的特征与发展趋势研究[J].当代经济管理，
2010，32（1）：42-46.

[58]张鹏林，曾芳芸.红寺堡移民区枸杞产业发展存在问题及对策
[J].大众标准化，2021（18）：99-101.

[59]张书，次仁卓嘎，汪东华，罗雪明，张燕琴.拉萨净土健康产业
标准化建设研究——以藏鸡、藏香、拉萨好水为例[J].中国标准
化，2017（2）：91-94.

[60]张秀萍，张学忠，王少东，谢施祎.出口枸杞标准化生产措施探
讨[J].宁夏农林科技，2011，52（6）：14-15.

[61]张艳珍，姜浩基，张鑫，邓晓红，李宝柱，武剑宏.内蒙古巴彦
淖尔市枸杞产业绿色发展关键技术研究[J].三峡生态环境监测，
2020（2）.

[62]张雨.浅谈宁夏枸杞产业面临的挑战与发展对策[J].农技服务，
2017（12）：206.

[63]赵鸿昌.青海省柴达木枸杞产业化发展的研究[J].中国乡镇企业
会计，2017（3）：11-14.

［64］周冲，李海峰. 玉门市枸杞产业发展现状及对策 [J]. 甘肃林业，2019（3）：26-27.

［65］Amagase H，Farnsworth N R. A review of botanical characteristics，phytochemistry，clinical relevance in efficacy safety of Lycium barbarum fruit（Goji）[J].Food R es Int，2011，44（7）：1702-1717.

［66］Inbaraj B S，Lu H，Hung C F，et al. Determination of carotenoids and their esters in fruits of Lycium barbarum Linnaeus by HPLC-DAD-APCI-MS [J]. J Pharm Biomed Anal，2008，47（4-5）：812-818.

［67］Zou S，Zhang X，Yao W B，et al. Structure characterization and hypoglycemic activity of a polysaccharide isolated from the fruit of Lycium barbarum L. [J]. Carbohydr Polym，2010，80（4）：1161-1167.

［68］许洪，许凌逸冲. 优质稻米全产业链绿色生产模式示范与实践 [J]. 农业科技通讯，2021（04）：24-26.

［69］张雄飞，夏胜平，黄凤林，罗吉. 湖南优质大米开发路径与方法——以优质水稻兆优 5431 全产业链开发为例 [J]. 湖南农业科学，2019（09）：104-106+113.

［70］张晓煜. 宁夏优质枸杞形成的环境条件研究 [D]. 中国农业大学，2003.

［71］张晓煜，刘静，王连喜. 枸杞品质综合评价体系构建 [J]. 中国农业科学 .2004（03）.

［72］马波，田军仓.枸杞产量和品质水肥效应研究进展［J].节水灌溉，
　　　2020（11）：6-11.

［73］尹志荣，雷金银，桂林国，张学军.不同滴灌量对不同品种枸杞
　　　生长、产量和品质的影响［J].灌溉排水学报，2018，37（10）：
　　　28-34.

［74］雷建刚，刘敦华，郭进.不同产地枸杞干果品质的差异性研究
　　　［J].现代食品科技，2013，29（03）：494-497+522.

［75］张波，秦垦，戴国礼，黄婷.不同产区宁夏枸杞果实的主成分分
　　　析与综合评价［J].西北农业学报，2014，23（08）：155-159.

［76］王益民，张珂，许飞华，王玉，任晓卫，张宝琳.不同品种枸杞
　　　子营养成分分析及评价［J].食品科学，2014，35（01）：34-38.

［77］李越鲲，尹跃，周旋，安巍，曹有龙.枸杞主要品质性状的主成
　　　分分析与综合评价［J].湖北农业科学，2016，55（16）：4220-
　　　4223+4229.

［78］刘静，王连喜，马力文，李凤霞，张小煜，苏占胜，周慧琴，李
　　　剑萍.枸杞的生理因子与外环境气象因子的日变化规律研究［J].
　　　干旱地区农业研究，2003（01）：77-82.

［79］杨凡.贺兰山东麓滴灌方式及水肥条件对葡萄产量和品质的影响
　　　［D].宁夏大学，2020.

［80］马宁心.宁夏葡萄酒产业发展战略研究——以贺兰山东麓产区为
　　　例［J].产业与科技论坛，2017，16（01）：21-25.

［81］梁勇.宁夏贺兰山东麓葡萄酒旅游走廊形成演化的影响因素研究
　　　［J].干旱区资源与环境，2013，27（02）：203-208.

[82]张丽，汝向文，贺新春，刘银迪，董志慧.宁夏贺兰山东麓葡萄
长廊核心区灌溉工程水资源配置方案分析 [J].水生态安全——水
务高峰论坛 2015 年度优秀论文集，2015：232-240.

[83]刘来馨.酿酒葡萄基地标准化生产技术研究 [D].山东农业大学，
2008.

[84]孙伟.调亏灌溉（RDI）和简约化叶幕管理对酿酒葡萄生长及果
实品质的影响 [D].西北农林科技大学，2012.

[85]朱孔泽，王超萍，郑磊.葡萄酒庄适用法规分析及标准体系建设
探讨 [J].中外葡萄与葡萄酒，2021（05）：82-86.

[86]吴兴耀，刘春瑛，冯炯庭.吴忠市葡萄产业发展现状、问题及对
策 [J].林业经济，2015，37（09）：98-100.

[87]张阿珊.银川市葡萄酒产业发展存在的问题及对策 [J].现代农业
科技，2020（16）：229+239.

[88]龙生平，刘彦玲，李文超.提高宁夏葡萄酒产业附加值和综合效
益的对策建议 [J].宁夏农林科技，2021，62（07）：45-50.

[89]王春梅.宁夏酿酒葡萄产业发展战略研究 [J].农业科技与信息，
2016（01）：4-7.

[90]休·约翰逊，杰西斯·罗宾逊.世界葡萄酒地图（第八版）[M].
北京：中信出版社，2021.

[91]孙志军.中国葡萄酒年鉴 2017[M].烟台：黄河数字出版社，
2017.

[92]岳泰新.不同生态区酿酒葡萄与葡萄酒品质的研究 [D].西北农林
科技大学，2015.

[93] 王蕾. 基于数字高程模型的中国酿酒葡萄气候区划及品种区域化研究 [D]. 西北农林科技大学，2017.

[94] 吕庆峰. 近现代中国葡萄酒产业发展研究 [D]. 西北农林科技大学，2013.

[95] 何瑜. 中国葡萄酒产业竞争力研究 [D]. 西北农林科技大学，2014.

[96] 李利，郝燕. 甘肃河西走廊葡萄酒产业发展的思考与建议 [D]. 农业科技与信息，2019（11）：57-61.

[97] 宋英珲. 蓬莱不同生态种植区葡萄与葡萄酒特性研究 [D]. 山东农业大学，2017.

[98] 夏婷婷，陈敬南，李梓，张闵清. 葡萄酒产区侍酒人才培养重要性研究——以秦皇岛产区为例 [J]. 中国产经，2020（07）：43-44.

[99] 陈天琪. 秦皇岛葡萄酒产业集群发展中的政府作用研究 [D]. 新疆农业大学，2017.

[100] 陈奕霖. 天津产区酿酒葡萄品质与葡萄酒质量的研究 [D]. 西北农林科技大学，2013.

[101] 王婷，刘丽媛，徐彦斌，王春艳，古亚汗·沙塔尔. 吐鲁番产区葡萄酒产业发展 SWOT 分析及对策 [J]. 农业与技术，2021，41（05）：154-157.

[102] 毛如志，杨宽，鲁茸定主，陈未海. 中国葡萄酒产区——西南产区 [J]. 农业与技术，2019，39（12）：175-177.

[103] 孔繁嵩，孟喜龙. 中国葡萄酒旅游产业现状及提升策略 [J]. 中外葡萄与葡萄酒，2021（05）：77-81.

［104］刘永亮，郭彦龙，李向贵，赵瑞娟，景立洲，何金枝．宁夏永宁县供港蔬菜发展现状及存在问题［J］.园艺与种苗，2021（09）：3-5.

［105］蒋学勤，温学萍，徐苏萌，赵玮，俞风娟．宁夏供港蔬菜发展现状与对策［J］.中国蔬菜，2021（07）：1-4.

［106］杨冬艳，韩继山，俞顺忠，杨常新，杨子强，李秀芳．宁夏露地有机菜心一年四收高产栽培技术［J］.长江蔬菜，2015（11）：39-41.

［107］张雪娇．福鼎白茶区域品牌可持续发展研究［D］.福建农林大学，2020.

［108］王海红．隆化县肉牛产业发展现状及措施［J］.中国畜禽种业，2018，14（10）：24.

［109］杨雨芳，赵慧峰．隆化县肉牛产业发展现状及对策研究［J］.北方牧业，2019（01）：20-21.

［110］李娟，何丽丽，赵晓伟，闫晓玉，王利荣．眉县猕猴桃产业发展现状与对策研究［J］.山西农经，2019（15）：107-108.

［111］孙姝博．眉县猕猴桃乡村振兴产业发展模式研究［J］.南方农机，2022，53（07）：106-108.

［112］"中国农业发展战略研究2050"项目综合组．面向2050年我国农业发展战略研究［J］.中国工程科学，2022，24（01）：1-10.

［113］李培之，周庆强．寿光品牌蔬菜发展策略探讨［J］.中国蔬菜，2020（05）：1-4.

［114］范立国，都明霞，黄向丽，韩化雨，陈永波．寿光蔬菜（三）

寿光市蔬菜种业现状与发展趋势 [J].中国蔬菜,2018(10):
6-11.

[115]阮倩红.现代农业发展模式的探讨 [J].农家参谋,2021(22):
92-93.

[116]许有亮,刘元雷,李颖琪.乡村振兴视角下寿光蔬菜产业化发
展调查研究 [J].中国瓜菜,2021,34(07):91-96.

[117]林小觉,刘德武,李耀坤,等.华南地区黄牛品种资源状况与
肉牛产业发展现状及建议 [J].中国畜牧杂志,2021,57(12):
273-277.

[118]包利民,吕向东,李亮科.美国肉牛产业发展及竞争力分析 [J].
世界农业,2019(05):80-83.

[119]杜建民,张蓉,王占军,等.宁夏人工饲草生产现状及高质量
发展策略 [J].宁夏农林科技,2020,61(10):45-47.

[120]付太银.澳大利亚奶业发展情况研究 [J].中国乳业,2018(6):
16-22.

[121]付太银,孙树民,方雨彬,等.美国奶业生产基本情况研究 [J].
中国乳业,2020(2):27-30.

[122]高海秀,王明利.我国肉牛生产成本收益及国际竞争力研究 [J].
价格理论与实践,2018(3):75-78.

[123]高旭红,谢建亮,侯鹏霞,等.宁夏肉牛产业现状及需求的调
研报告 [J].宁夏农林科技,2021,62(4):62-65.

[124]耿宁,肖卫东,阚正超,等.中美奶业生产成本与收益比较分
析 [J].农业展望,2018,14(11):63-71.

［125］顾美聪，刘芳 . 中外奶业政策发展对比分析 [J]. 农业展望，2020，16（9）：7–13.

［126］国家肉牛牦牛产业技术体系饲料营养价值评定岗位专家万发春团队 . 澳大利亚 2018 年肉牛产业发展概况 [J]. 中国畜牧业，2020（13）：51–53.

［127］韩朝华 . 日本的农业结构政策、农业发展困境及镜鉴意义 [J]. 经济思想史学刊，2021（02）：37–60.

［128］韩振，杨春 . 美国肉牛产业发展及对我国的启示 [J]. 中国畜牧杂志，2018，54（6）：143–147.

［129］鸿勤，张瑞荣 . 基于 "钻石模型" 下内蒙古肉羊产业竞争力分析 [J]. 中国市场，2021（04）：59–60.

［130］侯鹏霞，马吉锋，王建东，等 . 宁夏回族自治区肉牛产业发展现状存在问题及对策 [J]. 当代畜牧，2020（02）：49–51.

［131］黄亚玲，达海莉 . 宁夏草畜产业生产状况及高质量发展思考 [J]. 宁夏农林科技，2019，60（05）：43–47.

［132］贾磊，赵心童，张莉侠，等 . 日本农村振兴的法律体系研究及对我国的启示 [J]. 上海农业学报，2021，37（4）：133–139.

［133］焦翔，修文彦 . 国际有机农业发展经验及对中国的启示 [J]. 世界农业，2021（11）：74–80，100.

［134］金迪，海鹏，彭华 . 荷兰奶业发展现状及与中国的合作研究 [J]. 中国乳业，2020（6）：28–37.

［135］李蓓，张成，张兴华 . 国外农业现代化模式综述及对我国农业现代化发展的启示 [J]. 科技经济市场，2021（8）：16–17.

［136］李晨曦，刘文明.中国肉牛养殖成本收益影响因素贡献率分析
[J].家畜生态学报，2019，40（3）：78-81.

［137］李慧泉，毛世平.日本农业科技创新体系的现实特征及对中国
的启示 [J].科技管理研究，2021，41（22）：44-52.

［138］李竞前，马莹，卫琳.新西兰奶业发展现状及对我国奶业的启
示 [J].中国奶牛，2018（9）：46-48.

［139］李岚岚，何忠伟，刘芳.中新澳奶业比较优势测度及经验借鉴
研究 [J].农业与技术，2020，40（23）：153-159.

［140］林清，王永军，江中良，等.宁夏海原肉牛品种改良的实践与
探索 [J].中国牛业科学，2019，45（4）：83-85.

［141］凌薇.全球视角下的农业现代化之路 [J].农经，2018（2）：80-85.

［142］刘秉华.我国生鲜乳价格风险测度与管理研究 [D].河北农业大
学农业管理，2020.

［143］刘京京，王军.肉牛养殖成本收益变动及其影响因素分析——
以农牧区六大主产省（自治区）为例 [J].黑龙江畜牧兽医，2018
（12）：29-33.

［144］刘铁柱.以色列农业科技推广和管理体系建设及其启示 [J].山西
农业大学学报（社会科学版），2018，17（12）：39-45.

［145］刘玮，孙丽兵.日本农业保险补贴方式及其经验借鉴 [J].华北金
融，2021（7）：60-70.

［146］刘文营，臧明伍，李享，等.宁夏滩羊肉质量属性及与内蒙古
羊肉品质差异分析 [J].中国食品学报，2021，21（09）：314-
327.

［147］刘瑶 . 我国羊肉产业现状及未来发展趋势 [J]. 中国饲料，2019
（17）：112-117.

［148］马晓春，施进文 . 西门塔尔肉牛在宁夏地区养殖技术及经济效
益分析 [J]. 中国畜牧兽医文摘，2017，33（10）：76.

［149］穆建华，徐继东 . 美国有机农业发展及对我国的启示 [J]. 中国食
物与营养，2021，27（3）：18-22.

［150］彭华，张迎锐，唐显忠 . 中国与澳大利亚的奶业现状与合作潜
力分析 [J]. 中国乳业，2020（2）：31-37.

［151］彭迈奇（Mitchell Tchell Burns）. 新西兰和中国乳业比较优势测
定及合作模式研究 [D]. 青岛大学国际贸易学，2017.

［152］钱静斐，陈秧分 . 典型发达国家农业信息化建设对我国农业
"新基建"的启示 [J]. 科技管理研究，2021，41（23）：174-
180.

［153］乔光华，裴杰 . 世界主要奶业生产国与我国奶业发展对比研究
[J]. 中国乳品工业，2019，47（3）：41-46.

［154］孙彤彤 . 美国农业国际竞争力研究 [D]. 吉林大学世界经济，
2021.

［155］孙志华，张丹辉 . 澳大利亚奶业发展模式与经验借鉴 [J]. 中国奶
牛，2019（6）：61-63.

［156］谭寒冰 . 荷兰现代化农业生产环境及人才队伍建设的经验与启
示 [J]. 世界农业，2018（11）：212-216.

［157］王飞 . 以色列农业发展经验及对中国的启示 [J]. 知识经济，2019
（16）：42-43.

[158]王佳欢.肉牛养殖稳定发展的最小经济规模分析——基于机会成本视角 [J].黑龙江畜牧兽医，2017（18）：48-50.

[159]王进宽.宁夏原州区肉牛产业发展现状及建议 [J].养殖与饲料，2021，20（7）：129-130.

[160]王鑫，夏英.美国和日本农业收入保险运行机制比较及借鉴 [J].西南金融，2021（8）：27-37.

[161]徐继东.江苏绿色优质农产品高质高效发展实践与思考 [J].江苏农村经济，2021（6）：16-20.

[162]许标文，齐心.美国、日本农业风险管理体系建设经验及其对我国的启示 [J].台湾农业探索，2021（01）：79-83.

[163]许荣，肖海峰.中澳肉牛养殖成本收益比较及差异原因分析 [J].世界农业，2018（4）：28-35.

[164]许贤斌，孙宇俊，金玥，等.基于钻石模型的西藏茶产业竞争力分析 [J].高原农业，2021，5（4）：426-431.

[165]薛永杰，闫金玲，赵慧峰，等.新冠肺炎疫情下的日本肉牛产业及支持政策 [J].世界农业，2021（1）：28-37.

[166]杨彪.以色列农业的可持续发展：问题、应对与走向 [J].农业考古，2021（06）：243-251.

[167]杨晓彤，祝丽云，李彤.中荷奶牛养殖成本效益比较研究 [J].商业会计，2021（8）：73-77.

[168]易小燕，吴勇，尹昌斌，等.以色列水土资源高效利用经验对我国农业绿色发展的启示 [J].中国农业资源与区划，2018，39（10）：37-42.

［169］游锡火. 澳大利亚肉牛产业发展经验及对中国的启示 [J]. 黑龙江畜牧兽医（下半月），2019（9）：27-29.

［170］张斌，金书秦. 荷兰农业绿色转型经验与政策启示 [J]. 中国农业资源与区划，2020，41（5）：1-7.

［171］张超，董晓霞，祝文琪，等. 奶业社会化服务的国际经验及启示 [J]. 山东农业科学，2021，53（3）：146-151.

［172］张超，姜雅慧，邵大富，等. 美国奶业新特点、新趋势及对中国的启示 [J]. 中国农学通报，2020，36（31）：130-139.

［173］张凯. 荷兰奶业发展现状 [J]. 中国畜牧业，2017（22）：52-53.

［174］张玲梅，王金河. 以色列农产品质量管理的经验及启示 [J]. 南方农业，2021，15（20）：160-162.

［175］张相伦，赵红波，靳青，等. 澳大利亚 2019 年肉牛产业发展分析与借鉴 [J]. 中国牛业科学，2020，46（6）：35-37.

［176］张欣. 吉林省优质农产品区域公共品牌建设研究 [J]. 合作经济与科技，2021（6）：72-74.

［177］张学炜，孟庆江，何茹，等. 天津市奶业发展现状与优质牛奶生产 [J]. 中国乳业，2014（3）：26-30.

［178］张瑛，张唯. 宁夏滩羊产业迈向高端绿色智能化 [N]. 宁夏日报.

［179］郑本艳. 未来 5 年，中国奶业将会发生什么变化？ [J]. 中国畜牧杂志，2019，55（01）：157-158.

［180］郑毅，刘俊才，吕海林，等. 永嘉县优质农产品种植基地的发展现状和对策 [J]. 基层农技推广，2021，9（02）：76-78.

［181］周日明. 浅谈盐城市绿色优质农产品基地建设现状与推进对策

[J]. 上海农业科技，2021（1）：1-3，6.

[182]祝丽云，李彤，赵慧峰，等 . 荷兰奶业补贴政策对我国奶业振兴的启示 [J]. 中国奶牛，2020（12）：46-50.

[183]许安拓，杨钟健 . 关于推进我国现代农业发展中集体行为的思考——基于以色列农业集体模式的经验 [J]. 财政科学，2020（03）：145-160.

[184]周丕东，黄婧 . 欧美发达国家促进农业产业集群发展的主要做法及经验：以美国、法国、荷兰为例 [J]. 农技服务，2019，36（06）：101-102.

[185]南农 . 荷兰农业的精髓："家庭农场＋合作社" [J]. 南方农机，2020，51（23）：6.

[186]汪晓文，李明，胡云龙 . 高质量发展背景下戈壁农业发展的推进路径——来自以色列沙漠农业实践的启示 [J]. 开发研究，2020（3）：48-52.

[187]王文信，伍建平，陈秀凤 . 荷兰奶业发展模式及其借鉴 [J]. 世界农业，2017（03）：148-152.

[188]苏金涛 . 肉牛养殖成本的影响因素与降低措施 [J]. 吉林畜牧兽医，2022，43（07）：3-4.

[189]潘刚 . 安徽省利辛县西甜瓜产业发展现状、存在问题及对策 [J]. 园艺与种苗，2017（2）：22-24.

[190]李君明，项朝阳，王孝宣，国艳梅，黄泽军，刘磊，李鑫，杜永臣 ."十三五"我国番茄产业现状及展望 [J]. 中国蔬菜，2021（02）：13-20.

［191］李宗俊，王先裕，刘梦姣，崔馨月，赵雄，陈鹏，欧青青. 利用 KASP 分子标记技术辅助筛选多抗番茄材料 [J]. 中国蔬菜，2019（08）：42-46.

［192］王勃颖，宗义湘，董鑫. 河北省番茄产业发展现状及问题分析 [J]. 中国蔬菜，2020（07）：7-12.

［193］徐敏. 影响番茄生长发育的环境因素 [J]. 吉林蔬菜，2016（05）：7-8.

［194］陈月英. 番茄的加工利用现状及发展趋势 [J]. 农产品加工，2005（3）：55-56.

［195］刘淑梅，苏晓梅，刘磊，王施慧，侯丽霞，郎丰庆. 不同番茄品种的品质分析与评价 [J]. 辽宁农业科学，2020（5）：21-23.

［196］Almaroai Y A, Eissa M A. Effect of biochar on yield and quality of tomato grown on a met — al-contaminated soil[J]. Scientia Horticultur — ae, 2020, 265：109210-109216.

［197］徐强，郝玉金，黄三文，邓秀新. 果实品质研究进展 [J]. 中国基础科学，2016, 18（1）：55-62.

［198］Maul F, Sargent S A, Sims C A, et al.Tomato flavor and aroma quality as affected by storage temperature[J].Journal of Food Sci — ence, 2000, 65：1228-1237.

［199］王利斌，李雪晖，石珍源，白晋和，金昌海，罗海波，郁志芳. 番茄果实的芳香物质组成及其影响因素研究进展 [J]. 食品科学，2017, 38（17）：291-300.

［200］Baldwin EA, Goodner K, Plotto A. Interaction of volatiles, sugars, and acids on perception of tomato aroma and flavor descrip — tors[J]. Journal of Food Science, 2008, 73: 294-307.

[ 201 ]El Hadi Mam, Zhang F-J, Wu F-F, et al. Advances in fruit aroma volatile research [ J ]. Molecules, 2013, 18: 8200-8229.

[ 202 ]Baldwin E A, Scott J W, Einstein Ma, et al. Relationship between sensory and instrumental analysis for tomato flavor[J]. Journal of the American Society for Horticul — tural Science, 1998, 123: 906-915.

[ 203 ]Buttery R G, Takeoka G R. Some un — usual minor volatile components of tomato [ J ].Journal of Agricultural and Food Chemistry, 2004, 52: 6264-6266.

[ 204 ]杨明惠, 陈海丽, 唐晓伟, 朱月林, 刘明池. 不同栽培季节番茄果实芳香物质的比较 [J]. 中国蔬菜, 2009（18）: 8-13.

[ 205 ]柳帆红, 肖雪梅, 郁继华, 吕剑, 胡琳莉, 魏守辉, 唐中祺, 罗石磊, 钟源. 不同时段补光对日光温室番茄营养与风味品质的影响 [J]. 西北农业学报, 2020, 29（4）: 570-578.

[ 206 ]张志明. 二氧化碳施肥对番茄果实品质的影响 [D]. 杭州: 浙江大学, 2012.

[ 207 ]李梅兰, 吴俊华, 李远新, 侯雷平. 不同供硼水平对番茄产量及风味品质的影响 [J]. 核农学报, 2009, 23（5）: 875-878; 890.

[ 208 ]李桂英. 新疆兵团加工番茄产业发展建议 [J]. 中国工程咨询, 2017（11）: 57-58.

[209]曾晓娟，张驰，何艳清，周清华，李丹，郑立敏，欧阳娴，张战泓.基于1980—2019年FAO数据的世界番茄生产状况分析[J].湖南农业科学，2021（11）：104-108.

[210]霍建勇.中国番茄产业现状及安全防范[J].蔬菜，2016（6）：1-4.

[211]曾晓娟，连静，纪晟莹，罗建军，邵颖，于超，倪笑，李丹.基于1969—2018年FAO数据的世界油菜种植情况分析[J].湖南农业科学，2021（2）：96-99.

[212]Gebrelibanos G. Tuta absoluta : a global looming challenge in tomato production, review paper[J]. Journal of Biology, Agriculture and Healthcare, 2015, 5（14）：57-62.

[213]刘富中，舒金帅，张映，陈钰辉，连勇，田时炳."十三五"我国茄子遗传育种研究进展[J].中国蔬菜，2021（3）：17-27.

[214]白占兵，张战泓.土传病害高发区番茄早春露地栽培关键技术[J].长江蔬菜，2020（1）：29-30.

[215]王雪忠，张战泓，郑立敏，唐鑫，史晓斌，刘勇.番茄褪绿病毒在湖南省首次发生[J].中国蔬菜，2018（8）：27-31.

[216]白占兵，张战泓，周晓波，倪向江，罗香文，刘劲.南方番茄青枯病抗性评价[J].中国农学通报，2014，30（7）：77-81.

[217]郑锦荣，李艳红，聂俊，谭德龙，谢玉明，张长远.设施樱桃番茄产业概况及研究进展[J].广东农业科学，2020，47（12）：212-220.

[218]王光娟.我国设施番茄产业种植效益分析[J].北方园艺，2021

（16）：155-161.

[219]苏震，赵文彦.智慧农业模式对农业信息服务的挑战与机遇[J].
    情报探索，2020，（2）：57-62.

[220]王桥丽.我国农产品区域品牌发展路径探析[J].新农业，2020
    （23）：48-50.

[221]孙艺榛，郑军.农产品区域公用品牌建设文献综述[J].农村经济
    与科技，2018，029（001）：6-8.

[222]甘祖兵，王鹏林，张维，等.强化科技支撑打造世界一流"绿
    色食品牌"的探索[J].云南科技管理，2019，32（04）：1-4.

[223]陈婷.当前农村经济发展的分析与思考[J].新农业，2020（05）：
    70-71.

[224]杨鑫波，刘慧娟，王凤格，等.寒地黑土优质农产品区域品牌
    建设策略探索[J].商场现代化，2021（21）：12-14.

# 后　记

加快建设农业强国是全面建设社会主义现代化国家的重大决策部署，是新时代新征程农业农村现代化的主攻方向，也是全面推进乡村振兴的重大任务。产业振兴是实现乡村振兴的必由之路和关键一招。全面推进宁夏特色产业向高端化、绿色化、智能化、融合化方向发展必须要坚定不移加快转变农业发展方式，走高质量兴农之路。

本书是作者主持的宁夏回族自治区重点研发计划项目"宁夏绿色、安全、优质农产品产区生产体系创建与路径研究"的结项成果。项目研究成果的部分内容被自治区党委农村工作领导小组印发的《宁夏绿色优质安全农产品产区建设实施方案》（2023—2027 年）采纳。在项目研究过程中得到了自治区政协王和山副主席（时任自治区政府副主席）及自治区科技厅、自治区农业农村厅、宁夏农林科学院、自治区市场监督管理厅等部门领导的大力支持，项目调研得到了自治区林业和草原局、宁夏贺兰山东麓葡萄酒产业园区管委会等相关部门和企业的帮助，在此一并表示诚挚的感谢。参加项目研究的有宁夏农产品质量标准与检测技术研究所王劲松、李月祥、王晓静、牛艳、陈翔、闫玥、石欣，宁夏农产品质量安全中心赵越、俞风娟、封元、严莉、李昊，宁夏食品检测研究院吴明、马桂娟、张学玲、董川、吕晓东等同志，对他们的付出，在此表示衷心的感谢。在项目研究中参阅了大量相关文献，在此对各位专家的支持深表谢意。

由于笔者本身研究的局限性，一些理论阐述还不严密、不透彻，研究方法还不够先进，调研还不够全面，对本书存在的不足，敬请各们读者批评指正，以期在今后的研究中逐步改进和完善